玩苔藓

六大名师教你手制苔藓球 和 苔藓小景

日本 NHK 出版 编

谭尔玉 译

河南科学技术出版社

·郑州·

U0293218

和苔藓球长期相处的法则

苔藓球（日语中称为"苔玉"）是用娇嫩的绿色苔藓将小植物的底部土块包裹起来形成的，有些单单用苔藓做成的球状物也可以归入这个大家族。你可以用它装点狭小的空间，例如在阳台上栽培对它而言就已经足够了。放在身旁静静地看着它，那胖乎乎的可爱模样会让你的心不可思议地柔软起来。

大自然仿佛栖息于这一掬绿意之中。这些苔藓包着的植物，随着季节的变迁在眼前不断变换着模样，让你怎么看也看不够。

能够让人回忆起儿时在森林与深山中的情景正是苔藓球的魅力所在。并且，苔藓这种东西好好抚育的话，一年四季都能保持生机勃勃的新绿般的姿态，相伴的时光越长你便越发觉得妙趣横生。

想要与这样的苔藓球长时间相处的话，怎么做才好呢？本书就汇集了大量与此相关的知识点。制作苔藓球的时候，为养护方法困惑的时候，请一定打开本书看一看吧。

3

目 录

封底上的植物：委陵菜／溲疏、秀丽玉簪／腺齿越橘／斑纹木贼／日本红枫

制作：细村武义

制作方法和第 18 页的苔藓球相同。植物的相关信息请查阅 Chapter 6 的植物目录。

本书的内容

本书以苔藓球为中心，从制作方法到打理方法，都做了通俗易懂的讲解。

请参考以下各个项目，玩转这小小绿意的栽培技巧吧。

Chapter 1
第一次制作苔藓球

P.17~32

介绍了如何轻松制作手掌一般大小的苔藓球及初学者也不会失败的打理方法。另外，制作苔藓球必要的、基本的泥土方面知识也一并奉上。

Chapter 2
挑战玩转苔藓球

P.33~52

了解了基本的苔藓球之后，就来挑战制作难度高一级的苔藓球吧。只是改变植物的造型，气氛也会完全不同。本章还介绍了将苔藓球当礼物时的处理方法。

Chapter 3
苔藓园艺的乐趣

P.53~68

只种植苔藓的苔藓盆，用木头或石头来种植的木栽、石栽，用苔藓创作出美丽的景色，等等。向你介绍一个只要用心探索就会越来越广阔的苔藓园艺世界。

Chapter 4
用苔藓让小小的盆栽魅力十足

P.69~88

介绍人气迷你盆栽的做法。从铺苔藓的手法、苔藓的管理方式到草木等材料的繁殖方式，都配上了大量图片来详细解说。

Chapter 5
了解苔藓

P.89~102

制作苔藓球和盆栽不可或缺的苔藓的生态环境，连同种类的特征一起了解一下，让栽培技能更进一步！另外，以苔藓装点出的美丽寺院和庭园一并收录在此。

Chapter 6
制作苔藓球、迷你盆栽的植物目录

P.103~121

将树种类、草本类及其他植物进行区分，总结介绍它们的特征和栽培要点，并附上记录了适宜管理和栽种的时间的月历。

作者

秋山弘之（兵库县立人与自然博物馆主任研究员）

高城邦之（供职于市谷水族馆）

富山昌克（园艺研究家）

细村武义（盆栽作家）

森川正美（园艺家）

山口麻里（园艺研究家）

· 本书所讲述的栽培管理经验，均以日本关东地区以西的平原地带为基准。因各地气候不同，管理方式也可能发生变化。这一点请知悉。

· 恰当的栽培周期请参照 Chapter 6 的植物目录。在书中所列周期之外进行移植等作业时，一定注意不要伤到植物根部。

· 苔藓成长为一个苔藓群落必定要花上数年的时间。胡乱挖取可能会破坏生态系统。另外，挖取他人私有土地或国有土地上的植物，有可能触犯法律，请千万注意。

· 本书收录了一部分对 NHK《趣味园艺》节目重新编辑后的文本内容，并不是节目播放用的脚本。

小小绿意赏玩法

苔藓球、迷你盆栽、苔藓盆……
用丰富的表情为生活带来了数不清的乐趣，
下面带来介绍小小绿意赏玩法的作品集。

植物：鸡爪槭 / 矮小天仙果
制作：山口麻里

植物：前排从左向右分别是委陵菜 / 腺齿越橘 / 螺旋灯心草 / 百里香 / 麟草。中排从左向右分别是白龙麦冬、龙胆、斑纹锦带花 / 斑纹木贼 / 黑松 / 山红叶 / 紫金牛 / 山东万寿竹、姬月见草。后排从左向右为斑叶风知草、榉树 / 白龙麦冬、黄芩、日本紫茶 / 秀丽玉簪、溲疏 / 龙胆、抚子 / 大穗鹅耳枥 / 玉龙麦冬、鸡爪槭'出猩猩'
制作：细村武义

汇集了大量苔藓球
的苔藓球庭院

有着茂盛枝叶和鲜艳果实的树木，
拥有可爱花朵和娇嫩叶片的花草。
就像在庭院里培育植物一样，
把喜欢的苔藓球聚集、排列起来。
种进去的植物各有不同，
于是苔藓球也就有了各种
各样的表情。

可以放在掌心的苔藓球

它那圆滚滚的形状可爱到让人无以言表。不可思议的是，哪怕只是静静地望着它，也会让人感到宁静。

灵活运用枝叶表现出自由奔放的活力

利用枹栎形态复杂的枝叶，打造出自然本真的风景。如果觉得植物根部太空，可以搭配一些山野草。
植物:枹栎、小叶韩信草、苦荬
制作：山口麻里

送来习习凉风的水边植物制作的苔藓球

用干燥的水苔将湿地植物卷起来，装在清透的玻璃器皿中。为了不让植物缺水，容器内应始终保留一些水。
植物：从左侧开始为苹 /斑纹木贼 / 铜钱草

为小小盆栽
增光添彩的苔藓

衬托着的盆栽别有一番情调。
往植物脚下看去，绿色苔藓
这就是盆栽的魅力。
虽然个头小但却个性十足，

巧妙的配色格外引人注目

树叶、草、苔藓……这些深浅不同的绿色奏响了一曲柔美的和声。
植物：绿叶胡枝子、百金花、花石菖（左）/迷迭香（右）
制作：山口麻里

11

通过不同的植物、
不同的造型
赏玩不同的苔藓球

不要仅限于造型，请自由发挥想象力
制作苔藓球吧。
不断试错也是乐趣所在。

肚子饿了的话就来一口吧！

种了蔬菜或香草的"可以吃的苔藓球"，视觉效果更是极佳。
植物：从左侧开始为红叶山椒／香芹／罗勒
制作：富山昌克

把喜欢的植物制作成苔藓球

只要熟练掌握了制作手法和管理方式，任何植物都可以制作成苔藓球。
植物：从左侧开始为虾夷葱 / 捕蝇草 / 神刀 / 迷你蝴蝶兰

虽说是苔藓球，但不够圆也没关系

仅是稍稍改变一下造型就能让整体形象发生大变化。根据所搭配的植物和摆放位置，将苔藓球设计制作成自己喜欢的形状。
植物：从上到下依次为螺旋灯心草 / 黄叶野草莓 / 拟石莲花'晚霞'
制作：富山昌克

品味苔藓

苔藓盆能够将苔藓与生俱来的魅力
完全展现出来。
那细腻的纹理衬托着柔嫩的苔藓，
有着让人忍不住想要触碰它的魔力。

**将许多苔藓摆在一起，
可爱度瞬间倍增**

将各种不同形状的花盆种
上苔藓摆在一起，营造出
愉快的氛围。由于养起来
很容易，就算是盆钵小也
不用担心。
植物：桧叶白发藓
制作：细村武义

创造与众不同的风景

把大大的浅花盆当作画布，用苔藓来描绘自然风光。

与四季一同随着光阴轮转好好地观赏植物的变化吧。

小盆栽，大世界

用苔藓和园艺沙表现山涧，再配上一些山红叶。为了能让盆栽的"表情"随着四季变换，精心挑选植物搭配，即可一年四季都享受美景。

植物：山红叶、樱茅、斑纹秀丽玉簪、桧叶白发藓

制作：细村武义

第一次制作苔藓球

从制作方法到管理方式，这里将介绍苔藓球的基础知识。
一起来制作这圆滚滚又可爱到爆的苔藓球吧。

山口麻里（P.18~31）

制作一个简单的苔藓球

无须再用其他栽培介质，只需将植物的根部土块削成球形，然后用苔藓包裹起来即可。这里介绍的是就算初学者也不会失败的做法。

以耐旱的观叶植物文竹为主体制作的苔藓球。3号花盆栽种的苗的根部土块可以轻松地握成饭团大小。如果植物显得太重，剪短一点儿使枝叶不那么茂密即可。

购买苔藓

园艺商店等地方都有用包装袋包好或用托盘盛着出售的苔藓。干燥保存的苔藓浇上水就会变回绿色。东亚砂藓（左）/大灰藓（右）。

针对初学者，推荐使用耐旱的观叶植物

看到苔藓球那可爱的姿态，脸上的线条都不禁柔和了起来。没有花盆能养吗？这样的担心实在是毫无必要。在没有花盆的情况下，透气性会比较好，这对根部的发育绝对没有坏处，就这样轻松地养上好几年也没有任何问题。

虽说什么植物都能制作苔藓球，但使用透气性更佳并且耐旱的观叶植物作为入门练习材料的话，就可以减少因缺水而导致的失败。

苔藓以茎部较长、匍匐型的为佳，这一类中尤其推荐使用大灰藓。挑选的时候请选择叶片完整不散碎的。

首先开始第一步，将种在盆里的植物连根带土拔出来，将根部土块削成球形，再裹上大灰藓就完成了一个简单的苔藓球。

◎ 准备材料

· 植物（图片中是种在 3 号花盆里的观叶植物文竹）
· 大灰藓
· 棉线（由于会自然腐烂所以推荐使用。为了不让颜色太扎眼最好用黑色的）
· 喷瓶、剪刀、小盆等

（"准备材料"与其图片并不一一对应，全书同）

 准备工作

事先用喷瓶在大灰藓上喷一些水，使其充分湿润。

将大灰藓底面朝上放置，如果干枯的茶色层比较厚，用剪刀稍微剪掉一些。

1

将植物连根带土从花盆里拔出，注意不要破坏根和土块。这一块将作为苔藓球的芯部（如果根部土块已被破坏，请参照第 20 页）。

2

根部土块的底部如果根有卷起来的，把卷起来的部分用剪刀剪掉。

3

把土块两侧的土用手轻轻剥落使其成为球形。底部的边角也去掉。

4

根部土块整理完成如图。这样做成圆圆的形状，最终才能得到一个漂亮的苔藓球。

5

用大灰藓将根部土块全部包裹起来，就像捏饭团一样轻轻地将其捏紧，整理成球形。

6

用大拇指按住线的一端防止线松掉，就这样把线一圈圈缠起来。

7

缠上 7~8 圈防止苔藓散掉。将其置于水中 10 分钟左右，使其吸水之后就完成了。

用泥炭藓土制作苔藓球

将根部土块从花盆向外拔出时就算破损了也没关系，用泥炭藓土进行修补，就能完成一个漂亮的苔藓球。

以鸡爪械为主干的苔藓球。若使用树干具有一定弯曲度的盆栽苗木，就能做出雅致的造型。大小两个并排摆放更具情趣。

◎ 准备材料

· 植物（图片中是种在3号花盆里的鸡爪械）
· 大灰藓
· 泥炭藓土（用大量水充分浸湿）
· 黑色棉线
· 塑料袋及剪刀等

1
塑料袋从侧面剪开展平，大灰藓底面朝上置于其上。去掉垃圾等杂物，用剪刀剪掉茶色的干枯部分，使其整体变薄。

2
将鸡爪械从花盆里拔出。由于土块不够紧实，或者没有把根部完全覆盖住，根部土块破损散掉的时候，用泥炭藓土将其补成球形。

3
将步骤2的成品摆在步骤1的大灰藓上面，用塑料袋把整个根部土块包住，这样在包裹苔藓的时候就不会散得到处都是，做起来会更容易。苔藓重叠的部分要撕下来一层，不要做成两层。

4
用捏饭团的要领将其整理成球形，以鸡爪械为中心用棉线交叉缠起来。用水冲洗干净后浸在水里10分钟左右，充分吸水后就完成了。

和盆栽不同！苔藓球的用土

苔藓球的芯部，推荐使用容易捏成团的泥炭藓土和泥炭土。只用其中一种的话，一般还要加上赤玉土和水苔混合使用。这里的混合比例只是个大概基准，还请多加尝试。

● 好打理的泥炭藓土

在寒冷的湿地生长出的泥炭藓属植物，经过长时间的堆积、腐烂、分解、泥炭化等过程，作为主要原料形成有土壤改良作用的栽培介质——泥炭藓土。泥炭藓土虽说是酸性的，但制作苔藓球的时候只是少量使用，所以不调整酸碱度也没关系。泥炭藓土不仅分量轻、易打理，干燥后还几乎不吸水。它和赤玉土混在一起后，透气性、排水性和保水性都会更好。

准备工作

1 可以只用泥炭藓土，也可加入 1/3 小粒赤玉土或极小粒赤玉土混合起来，然后加水使用。

2 用手搅拌使其充分吸收水分，直至用手轻轻握紧时有水渗出。这时候最容易捏。

● 容易造型的泥炭土

泥炭土是由湿地的芦苇等堆积起来经腐烂、分解而形成的土壤，富含营养成分。泥炭土因为是黏土状，所以很容易造型，且有利于苔藓成活，但是用量过多的话重量会过大，也就容易因透气性变差而使植物烂根。和赤玉土或粉状的水苔（请参照第 23 页）混合使用效果会更好。为避免弄脏手，操作的时候请戴上橡胶手套。

准备工作

1 按照泥炭土 2 份、小粒赤玉土 1 份、粉状水苔 1 份（请参照第 23 页）的比例倒入盆中，加水。

2 用手指捏碎土块并混合，像和面一样，揉到有光泽出现为止。

球藻一般的苔藓球

把喜欢的苔藓包在泥团上。看看它，摸摸它，享受它那可爱的色调和质感吧。

把大大小小的苔藓球随意摆在一起就很可爱。放在白色的小石头上更可映衬出那美丽的绿色。

🐦 大灰藓球

大灰藓包裹着泥炭藓土团子做成的苔藓球。也可试着用其他苔藓来制作。

绿色小球让你真正爱上苔藓

　　一般的苔藓球，虽然被称为"苔藓球"，但主角却是种上去的植物。苔藓无论从哪个角度看都只是个包住根部土块的配角。

　　因此对于真正单纯热爱苔藓的人，推荐培育这种只有苔藓的苔藓球。

　　制作方式和制作基本的苔藓球相同。用苔藓包裹球形的芯部，再用棉线缠绕固定。球体的芯部材料，则是泥炭土或泥炭藓土与赤玉土混合，加入水充分混匀后使用（请参照第 21 页）。

　　苔藓种类不同，颜色、叶子的形状、质感都不同。制作不同种类的苔藓球，就像做收藏一样非常有趣。把苔藓球做成不同大小摆在一起也很好玩哟！

将泥炭土2份、水苔粉1份、小粒赤玉土1份充分搅拌，揉成复合土。为了不弄脏手，可以戴上橡胶手套。

揉好的土团成圆球，大小可以按照自己的喜好来定。这就是苔藓球的芯部了。

苔藓有点厚的话，把背面的沙土、茶色或枯萎的部分用剪刀剪掉，使其变薄。

◎ 准备材料

· 泥炭土
· 水苔
· 小粒赤玉土
· 苔藓（图片中是纤枝短月藓）
· 黑色棉线
· 筛子、橡胶手套、剪刀、盆等

✂ 准备工作

水苔放在筛子等网格上，用手捏碎，筛粉备用。

将苔藓裹在土球上，不要露一丝缝隙。苔藓与苔藓衔接的部位要充分压实，这样才能做得很漂亮。

用黑色的棉线在苔藓上多缠几圈，使苔藓和土球紧密贴合。

在水中将苔藓洗干净就完成了。用同样的做法，改变芯部的大小或苔藓的种类，就能做出各种可爱的苔藓球。

用泥炭藓土制作苔藓球

揉泥炭土不但花力气，指甲缝里还会钻进泥土，非常难以清洗。所以想要更加轻松省力的话，推荐使用泥炭藓土来代替泥炭土。

◎ 准备材料

· 泥炭藓土（不调整酸碱度也可以）
· 极小粒赤玉土
· 苔藓（图片中是大灰藓）
· 塑料袋
· 剪刀
· 盆

1 泥炭藓土和极小粒赤玉土以7∶3的比例混合，加入水使其刚好没过土，搅拌均匀。

2 按照喜好的尺寸将其做成圆球。以轻轻握住感到会有水渗出的状态为佳。

3 在塑料袋上把大灰藓背面朝上摊开，去掉杂物后裹在土球上。

4 注意不要让苔藓重叠，整理好接缝处，用棉线缠好。用水清洗后就完成了。

培育苔藓球的四大要诀

经历过苔藓球枯萎这种失败的人，实际上并不少不是吗？

为了再也不让苔藓球枯死，这里就介绍培育苔藓球的四大要诀！

1. 浇水

苔藓球枯萎最重要的一个原因就是缺水。这里介绍两个可以让苔藓球芯部吸饱水的方法。

从苔藓球的上方开始浇水的话，水会从苔藓的表面流过，没有完全渗入中心部分。若想让芯部也能充分吸收水分，可将其放置在盛了水的盘子上（腰水），如果已经干燥到苔藓球都变轻了，那么就要整个泡到水里面（浸盆）。

想要和盆栽一样能够养上许多年，不能缺水这一点十分重要。

在盘子里盛上水 ——腰水

将苔藓球放在盛了水的盘子等容器里使其吸水的方式就叫作"腰水"。先在盘子里加上半天左右会吸收完的水，到第二天早上再次加水。

早上的时候，在盘子里注入半天左右会吸收完的水。

水量太多的话，会因为过湿导致烂根，所以如果到了午后还有水剩下就应该倒掉。

站不稳的苔藓球，最好放在绕成圆圈的铝线上，或在容器中加入没过苔藓球底部的水。

完全浸在水中为其提供大量水分——浸盆

苔藓球变轻，就是芯部干燥的警告。把苔藓球泡进盛了水的桶或盆子里，吸几分钟的水，这就是"浸盆"。然后再把苔藓球拿出来放在没有水的盘子上继续养就可以了。

当苔藓球里面不再有气泡冒上来的时候，就说明连芯部也吸饱了水分，可以拿出来了。

2. 肥料

喷上稀释的液体肥料，苔藓就会生机勃勃地成长起来。

虽说不施肥也一样可以养苔藓，但是种在苔藓球上的植物还是需要养分的。如果让苔藓直接接触固体肥料，或者给植物用定量的液体肥料，对苔藓来说会因肥力过强而被烧坏。在植物的成长期里，每周1~2次，用喷瓶对着整个苔藓球，喷上按标准倍率的2倍稀释的液体肥料。

将苔藓和植物全部均匀地喷上稀释过的液体肥料，苔藓的绿色也会越发浓郁。

3. 位置

最好养在室外明亮的背阴处。

虽然一说起苔藓就觉得应该养在背阴处，但是它和其他的植物一样用绿叶进行光合作用。大多数种在苔藓上的植物，也喜欢明亮通风的环境。所以苔藓球应该摆放在户外。但是，阳光直射或风太大会使苔藓干燥。因此最理想的位置是明亮的背阴处。

若是将苔藓球摆放于室内作为装饰，可以每2~3天轮换摆放。室内的摆放位置请参照第26页的介绍。

将苔藓球摆在旧餐盘或陶板等物上面，置于户外培育。不要让它直接与地面接触，一定要放在平台或木板上面。

一二年生草本植物苔藓球的赏玩方式

一年生或二年生草本植物通常被认为不适合制作苔藓球，其实不然！几乎所有的植物，只要采下种子撒在苔藓上面，就可以每年都观赏了。

1

花谢之后，开始产种子的一年生草本植物银鳞茅的苔藓球。

2

采摘种子。

3

采摘好的种子分散开撒在苔藓球上。

4

露在外面的部分如果有枯萎的，就从根部剪掉。之后再继续按照平常的样子培育即可。

4. 摆放方式

若想在室内观赏，就要将它放在适合生长的环境里。

苔藓球在绿色室内设计理念中很有人气。但是，苔藓球是一群富有生命力的植物的聚合体，所以想装饰在室内的话，应尽量将其放置在植物喜欢的生长环境里。不要将某几个一直放在室内，最好让一些苔藓球在室内轮流装饰。

明亮的窗边
——多肉植物等

多肉植物等喜爱阳光及干燥的植物，适合放在明亮的窗边，少浇水。苔藓就用喷瓶喷水，保持湿度。时不时地拿到室外去晒晒日光浴也不错。

石莲花、青锁龙等多肉植物的苔藓球已经种了3年了，依然很有活力。

客厅中明亮的避光处
——观叶植物等

在明亮的避光处也能生长的观叶植物，推荐用来制作室内观赏的苔藓球。将其作为绿色室内设计的一员，放在客厅好好欣赏吧。使用"腰水"方式（请参照第24页）来浇水培育，会非常省心。

上面是苏铁苔藓球，中间是"马尾辫"造型的酒瓶兰苔藓球。

湿度高的水边
——水边植物等

在浴室的窗边等位置，推荐摆放喜爱潮湿的水边植物苔藓球。水边植物一旦缺水就会十分脆弱，需使用"腰水"方式来浇水培育。苔藓选择喜湿的大灰藓就可以了。

（左）白鹭莞（又名"星光草"）苔藓球，（右）石菖蒲、木贼苔藓球。

雅致的花架
——迷你蔷薇等

使用迷你蔷薇苔藓球代替切花蔷薇做装饰，效果绝佳。虽说蔷薇是放在室外欣赏的植物，但是在室内放2~3天还是没问题的。培育的时候注意不能缺水。

制作苔藓球时注意不要损坏根部土块。

因圆滚滚的身材而惹人喜爱的苔藓球，有时候会造型崩坏，有时候会长势不佳。

为了能够使其长期保持理想状态，这里介绍一些应对问题的方法。

● 缺水了

対策

将苔藓球置于筛网上，再将筛网放在盆里，筛网和盆底留有一定距离。为了能让它吸收大量的水分，除了以"腰水"方式培育之外，也可以根据苔藓的喜好增加空气湿度。

湿度也很重要

在恢复正常之前都要在通风良好的明亮避光处培育。

● 植物枯萎了

対策

虽说不看植物，只把它当一个纯粹的苔藓球来养也可以，但如果用容易生根的植物做扦插，就能制作一个新的苔藓球了。

植物比苔藓先枯萎的情况较多，就这样只是把它当苔藓球来玩也不错。

1

用筷子之类的东西在苔藓球上开一个洞。

2

将扦插用的枝条（请参照第81页）插进洞里。

3

用扦插的方式来翻新苔藓球

新的苔藓球（图片中的植物是矮小天仙果）就完成了。

● 植物生长得越来越不平衡

対策

随着植物枝条的生长，互相交错导致苔藓球失去平衡，这时候需要通过剪枝和疏苗来调整姿态。

1

珍珠绣线菊和玉龙麦冬组合的苔藓球。随着植物的生长，上部越来越重。

2

从根部剪掉长势过旺的枝条及交错的枝条。

3

好清爽！

把长长了的枝条剪短，完成作业。这样平衡感就又回来了。

● 苔藓枯萎了

対策

因气候闷热或潮湿而导致苔藓变色、干枯甚至发霉的话，可以把旧的苔藓剥掉，包上新的苔藓。

1

鸡爪槭苔藓球的大灰藓腐烂了。

2

用手剥掉旧的苔藓，注意不要伤到芯部。

3

苔藓好漂亮！

包上新的苔藓，用棉线缠好就完成了。

● 植物的根冒出来了

対策

有的时候植物的根会从苔藓球里冒出来，不过根部被阳光照射后会自然枯萎，所以不必非要剪掉它，留在那儿就行了。

保持原样即可

根从苔藓球里冒出来了。

● 盆底的根盘结在一起了

対策

由于根会向着黑暗处不断生长，所以苔藓球底部往往会出现根一团团地卷起来的情况。虽说就这样也没什么问题，但如果影响到植物的稳定性，就应该用剪刀剪掉。

这就是植物健康的证明

剪掉老根，新的根很快就会在苔藓球里长出来。

●苔藓球长得太大了

养了很多年的话，苔藓层层叠加，慢慢地苔藓球就会变大了。虽说就这么养着也没什么问题，但如果希望苔藓球能够更加紧实，就用剪刀将苔藓剪短，或剥掉旧的苔藓裹上新的。剪掉的旧苔藓不要扔掉，试着用来繁殖更多的苔藓吧！

好清爽

用剪刀剪掉5mm左右的苔藓，使整体更紧实。图片中的是东亚砂藓。

剥下来重新裹上新的苔藓

层层重叠的大灰藓，剥掉它裹上新的就会变得紧实了。

繁殖更多的苔藓吧

通过撒下苔藓来繁殖的方法叫作"撒播法"。
作业时间应为苔藓的生长期，即春季（4~6月）和秋季（9~10月）。

1
用剪刀把苔藓剪碎。

2
在打湿了的小粒赤玉土上，把按照步骤1处理的苔藓捏碎撒在上面。

3
用手轻轻压紧，让苔藓和土紧贴在一起。

4
上面再铺上薄薄一层小粒赤玉土，防止苔藓被风吹散。

5
将其放在明亮的背阴处，表面有点干燥的话就浇一点水，防止苔藓被吹走。

6
大约1个月后，苔藓开始生长了。时不时地用喷瓶喷上一些稀释的液体肥料。

用盘子和陶板装饰苔藓球

用盘子或陶板来装饰苔藓球，享受各式各样造型的乐趣也是其魅力所在。随着季节或室内空间、心情变换搭配，享受变装的乐趣吧。

白瓷盘

温润的白色和无论从哪个角度看都很美的造型，更能衬托盘中的植物。制作：吉田直嗣（A）

涂漆的陶盘

可搭配异国风情的或茎叶呈红色的植物，制作成红叶苔藓球。制作：西川聪（B）

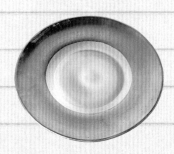

银边玻璃盘

镀银的边缘颇具复古风情，一年四季都非常适用。制作：极乐寺玻璃工房（B）

三角形的底盘

黑色的三角形器皿比较少见。毫无装饰的朴素造型，可灵活运用在各种不同的场景中。

绿色玻璃盘

玻璃制的盘子非常适用于夏天。颜色、形状、大小不同的盘子，好想多要一些放在家里。

养到第五年的白芨苔藓球。直径约30cm 的超大尺寸绿色盘子（左）。

涂漆的方盘

柔和沉稳的黑色方盘，映衬树或草的绿色。制作:矢尾板克则（A）

砂面陶板

用水泥般的无机质打造出都会风情，使其成为现代化的绿色室内设计产品。制作：村上躍（A）

有色装饰盘

表里都值得欣赏的盘子。图片中是里面。野草之类的东西就自然地生长在那富有深意的纹路之中。制作：横山拓也（A）

白色平板装饰盘

表里都值得欣赏。灵活运用其宽度和有趣的形状，摆上多颗苔藓球会更好。制作：横山拓也（A）

布纹风格盘子

深绿色的釉配上布纹显得十分朴素，但它却是十分有厚重感的盘子。一年四季都可以使用。

紫阳花叶形盘子

紫阳花叶子形状的盘子。好想在梅雨时节往里面摆上一个小小的苔藓球。

白釉流水纹盘子

整体被雕刻成仿佛水流过的样子。根据植物放置位置的不同，展现出不同的景色。

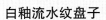

枹栎和小叶韩信草、黑叶苦荬组合制作的苔藓球。朴素的盘子（中排中间的）打造出山上的风景。

虽然叫作"苔藓的花"，可是……

秋山弘之

连俳句中也吟诵过的"苔藓的花"

就如"若浇了水／便仿佛会沉没一般／苔藓的花"（高浜虚子）中所言，俳句因是初夏的季语而令"苔藓的花"让人倍感亲切。但实际上苔藓是没有花的。所谓"苔藓的花"，恐怕多半指的是五颜六色的蒴柄，或者含有孢子的孢子囊。虽说并不知道这段俳句中苔藓的种类，不过日本高中的生物教材以常见的苔藓地钱为例，来说明"苔藓的花"到底是什么。

地钱是雄株和雌株独立的雌雄异株。梅雨等时节看到地钱群落的话，淡绿色的细轴前端，雌株长出了许多小小海星状的东西，雄株则长出了很多浅盘形状的东西（可参照第 93 页）。这些全部都是由地钱的叶状体前端变形而来的，相当于茎或叶，虽说看起来确实和花有点不一样，但很像小花或者果实。那么把它当成"苔藓的花"也就可以理解了。

另外，到了春天，地面上到处都长出了角齿藓或狭叶小羽藓等红色、黄色、淡绿色之类的藓类，它们纷纷伸出了细细的缝衣针般直挺挺的轴部。随着不断成长，这些未成熟的孢子体上的孢子囊也会逐渐膨胀。孢子囊好像戴着小小的半透明帽子一样，模样非常可爱。这似乎也被当成了"苔藓的花"。

孢子囊之所以长在伸展出的轴部尖端，是因为苔藓努力让孢子可以乘着风飞到更远的地方去，某种意义上来讲确实是和花做了同样的事情。

狭叶小羽藓幼嫩的孢子体。春季，地面上丛生的红色轴部非常显眼。

Chapter

2

挑战玩转苔藓球

造型与植物、摆放都可以随心所欲。

制作出别具一格的苔藓球吧。

富山昌克（ P.34~46 ）

森川正美（ P.48~51 ）

在空中培植出绿色

垂吊苔藓球

这种苔藓球非常适合家里没有庭院和阳台、只有花盆的人。

利用高低差来打造出韵律感吧！

吊竹梅

保持美丽的斑马纹叶子的秘诀，
就是要多多晒太阳。

花叶地锦

仿佛有雪堆积的带斑纹的叶子。
可种在半阴处。

看透植物的习性就可以玩转苔藓球了

苔藓球虽说是从盆栽出现之后得到灵感而诞生的，但由于搭配了松树和杂木类、山野草等日本产的植物，恐怕容易给人一种纯粹的和风印象。

在此请让我们摆脱一直以来对苔藓球的刻板印象，更加自由地、灵巧地使用植物与苔藓，打造不一样的苔藓球。

要想玩转苔藓球，充分了解各种植物的习性是非常重要的。比如说，垂吊苔藓球很容易干燥，所以要选择耐旱的植物。用蝴蝶兰等附生兰制作苔藓球的话，

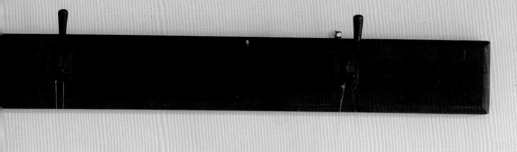

长节藤 '初雪蔓'

可在半阴处生长，但若置于
向阳处，叶子颜色会更美。

地锦（爬山虎）

是赏叶葡萄的同类，背阴处
也能生长。

要使用干燥的水苔而不是土。

在了解苔藓的习性和生长环境的基础上，就
可以勇敢地去挑战制作那些前所未有的全新的苔
藓球了！

这样也
可以！

◎ 漂浮苔藓球

泡沫塑料球切成半球
形，用棉线把小石子系在
底部。泥炭土用水化开涂
在泡沫塑料球上，再将青
冈的实生苗的根部铺开盖
在上面，然后用泥炭土和
苔藓包裹就完成了。

垂吊苔藓球的制作方法

若想在室内养苔藓球，推荐选择耐旱并且可以在半阴处生长的、枝条或茎部下垂的观叶植物。

◎ 准备材料
· 观叶植物（图片中是花叶地锦）
· 用土（将小粒赤玉土和泥炭土按照 7：3 的比例混合，加水和成黏土状）
· 大灰藓
· 鱼线
· 棉线
· 带抹刀的镊子
· 剪刀及橡胶手套

1

大灰藓底面朝上翻过来，里面枯萎的部分用剪刀打薄、剪掉。松针等不要的部分也要拿掉。

2

从盆里把植物拨出，将根部土块底面和侧面上的土轻轻剥落，使其呈球形。

3

将根部土块用薄薄的土包起来。黏土状的土就像胶水，可以紧紧地将大灰藓粘起来。

4

在土球的外面绑上鱼线，做成吊绳。

5

将步骤 4 的成品用大灰藓包裹，用棉线缠绕固定苔藓。缠完后将线头用剪刀压进苔藓球。

6

完成了！由于容易变干，所以要注意不能缺水。苔藓干了的话，就要浇大量的水。

苔藓球的L和S

只有标准尺寸是无法让人满足的

苔藓的标准尺寸就是可以一只手轻松握起的饭团大小。

是不是不管多大、多小也都可以制作呢?

L号苔藓球

属于热带花木类的龙船花不耐寒,适合生长在半阴处,因此推荐养在室内。时不时地用喷瓶喷些水在叶子上会更好。

S号苔藓球

(左)玉龙麦冬,直径竟然只有3cm左右。(右)日本原产的小型地生兰羽蝶兰和阴石蕨混栽。

37

L号苔藓球和S号苔藓球的制作方法

S号用小型植物或分株后的小株耐旱草类制作。

L号用无法分株的树木或盆花制作。

苔藓球

L

◎ 准备材料

· 盆花（图片中的是5号花盆种的木槿）
· 大灰藓
· 水苔（过水使其还原后轻轻拧干）
· 棉线
· 剪刀
· 橡胶手套

1

从花盆里拔出植物。如果根部有盘结，用手轻轻拨开。

2

用土应该足够多且不太干燥，可用水苔包上根部土块来增加分量，使侧面厚一些，从而形成球形。

3

用线缠绕固定水苔。

4

将步骤3的成品用大灰藓包裹起来。植物与土壤接缝处的苔藓要压下去，不会松动才好看。

5

用线缠好固定大灰藓之后就完成了！这款是直径约20cm的L号。

要让苔藓球的芯部充分吸饱水。

管理水量的要诀

● L号要避免烂根

添加泥炭土的话，微生物变多，透气性变差，因此要少浇水。为了防止烂根，在根部土块的中心插入炭也是一个好办法。

● S号要避免缺水

由于苔藓球过小，所以更容易缺水。浇水则是在干了之后大量地浇。为了防止干燥，可以种在瓶子里。

苔藓球

S

◎ 准备材料

· 盆栽苗（图片中是玉龙麦冬）
· 大灰藓
· 用土（小粒赤玉土和泥炭土按照 7：3 的比例混合，加水和匀）
· 棉线
· 剪刀
· 橡胶手套

1

从盆里拔出植物，轻轻剥开根部土块，用剪刀或手将其分成小株。

2

根部用土包裹，团成球形。

3

用大灰藓包裹住土，再用线缠好就完成了！

要想让苔藓出芽，湿度、温度、光照这三个条件是必要的。6月和9月适合制作。最重要的是要牢牢固定好苔藓，使其无法移动，巨大的苔藓球要使用树脂来当胶水。这种手法也可以用在屋顶或墙面的绿化上。

2010 年 5 月在埼玉县超级体育场里举办的"日本园艺节"中展出的作品。直径同样是 2m。这是作为短期展示用的。苔藓球使用了大灰藓，地面部分使用了曲尾藓。

制作：渡部彦夫

用东亚砂藓制作的巨大苔藓球

被浓浓的绿色覆盖着的直径 2m 的巨大苔藓球，庞大的规模让人仿佛可以观察地球诞生那戏剧化的一幕。

这个巨大的苔藓球其实是"水与土的艺术节 2009"（日本新潟县）中展出的户外艺术作品。制作者则是专门打造苔藓庭园等的造园家渡部彦夫。

苔藓球的芯部用竹子编成中空的球状，竹子上面覆盖着钢丝网（不锈钢制金属网），再涂上树脂，最后将粉状的东亚砂藓贴上去。

"使用采集自其他地方培育好的苔藓的话，美观的造型也就能维持 2 年。但是，直接在这里培育的话就可以保持 8 年左右。因为在这里出芽的苔藓已经适应了这里的生态环境，所以格外坚强。"渡部先生这样说。

一般来讲，苔藓都是刚贴上去的时候最好看，而渡部先生这个巨大的苔藓球刚好相反。从苔藓冒出幼芽，到苔藓球被郁郁葱葱的绿色覆盖住，大约要经历半年的时间。"这个苔藓球，将随着时间越来越美。这一点就和庭园一样啊。"

这个随着时间慢慢成长的苔藓球，引发了尊崇侘寂的日本人心中的共鸣。虽然说不用做到直径 2m 那么大，但是赏玩这种随着时间变化苔藓也不断生长的苔藓球，还是非常值得挑战的！

变形苔藓球

就算不是圆的也不错，不是吗？

跳出花盆的苔藓球，姿态更加灵活变幻，让人想起小时候玩的黏土游戏。一起来做出各种不同的形状吧。

蛋糕苔藓球

切块蛋糕形状的苔藓球上种了黄叶野草莓。种上蛇莓的话也很可爱。

变形苔藓球的制作方法

用土来塑形的时候往往会越做越大，注意计算苔藓的厚度，尽可能地使其更加紧实是制作要诀。

◎ 准备材料
· 黄叶野草莓
· 用土（小粒赤玉土和泥炭土按照 7：3 的比例混合，加水和匀）
· 大灰藓
· 剪刀
· 棉线及橡胶手套等

1

从花盆里拔出黄叶野草莓，轻轻剥开根部土块。如果植物较大，用剪刀或手进行分株。

3

底部之外的土都用大灰藓包裹并用棉线缠绕固定。线从侧面向中心缠，保留上面的苔藓那种松软的感觉。

4

线缠好了之后，用手整理成切块蛋糕的形状。

2

将根部土块用土包裹，一边添加少量的土，一边将其整理成蛋糕形状。

5

剪掉多出来的大灰藓就完成了！

使用纸样剪裁花盆底网更轻松

按照想要制作的形状来剪裁花盆底网，然后再把制作用土铺在底网的纸样上造型，这样就不会做得过大，并且形状也会更漂亮。

苔藓球底部铺上花盆底网的话，浇水的时候土就不会弄脏器皿，还具有防止蚯蚓等害虫侵入的优点。

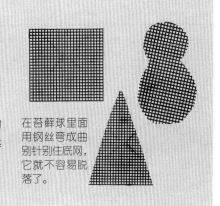

在苔藓球里面用钢丝弯成曲别针别住底网，它就不容易脱落了。

个性派苔藓球

什么植物都能制作苔藓球吗？

不必受限于日式盆栽的风格，把自己超级喜爱的各式个性派植物也全都制作成苔藓球吧！

迷你洋兰苔藓球

把洋兰制作成苔藓球的话，比制作盆栽会更容易干燥，对于害怕过湿的洋兰来说反而更有利于生长。图片中是迷你蝴蝶兰苔藓球。
→制作方法参照第 44 页

用干燥后的着色水苔制作

排水很重要

超级喜欢水分

多肉植物苔藓球

由喜干的多肉植物和喜湿的苔藓联袂打造！多肉植物太重会倒下去的话，可以在苔藓球下面铺一些装饰沙保持稳定。图片中的植物是神刀。
→制作方法参照第 43 页

食虫植物苔藓球

对于食虫植物的喜好因人而异，但制作成苔藓球的话毫无疑问非常可爱。图片中的瓶子草，就是那种通过被称为捕虫叶的叶子将落入其中的虫子消化、吸收的类型。
→制作方法参照第 46 页

多肉植物苔藓球的制作方法

排水网和多肉植物专用培养土搭配使用的话，就可以一起打造出苔藓和多肉植物的绝佳组合了！

◎ 准备材料

· 多肉植物（图片中是青锁龙属的神刀）
· 多肉植物专用培养土
· 泥炭土（事先用水溶解）
· 厨房用排水网
· 剪刀
· 带抹刀的镊子
· 棉线
· 订书机

1

用剪刀剪下排水网的一角，做成一个小袋子。

2

在按照步骤 1 做成的小袋子里装上多肉植物专用培养土，把从花盆里拔出来的多肉植物装进去。

3

要注意多肉植物与苔藓球大小的平衡！

把植物的根全部藏进土里，网袋的开口部分用订书机订起来。

4

把溶成胶水状的泥炭土用抹刀等工具薄薄地涂在步骤 3 的表面。

5

涂抹了泥炭土的部分用大灰藓包上，用棉线缠好就完成了！

多肉植物苔藓球的管理方式

◉ 浇水

多肉植物本身每月浇 1~2 次就可以了，但是为了不让苔藓枯萎，一旦苔藓干燥就应从上面大量浇水。多肉植物专用培养土的排水性非常好，所以不用担心烂根的问题。

◉ 肥料

春季和秋季每周一次，用按照标准倍率的 2 倍稀释的液体肥料代替浇水，施在植物上。

◉ 摆放位置

因为大部分品种都是喜光植物，一般来讲要放在光线较好的户外或窗边。但是，图片中的神刀在夏季叶子会被晒伤，所以要移到半阴处。

迷你洋兰苔藓球的制作方法

制作苔藓球的话，推荐使用迷你蝴蝶兰或者迷你嘉德利亚兰这样迷你型的附生兰。用干燥了的水苔取代土壤，作为苔藓球的芯部。

◎ 准备材料

· 迷你洋兰（图片中是迷你蝴蝶兰）
· 干燥的水苔（图片中是着色后的绿色水苔，用水使其复原后轻轻拧干）
· 棉线
· 剪刀

1 将植物从花盆里拔出来。为了避免覆盖水苔时根部被弯折，事先用剪刀剪短较长的根。

3 用水苔包裹根部土块形成球状。如果用的是蝴蝶兰，水苔一定要覆盖到最上面的根为止。

2 根部下面长出来的叶子早晚都会枯萎，所以先去掉比较好。

遵循"见干见湿"的原则蝴蝶兰才会快速成长。往苔藓球里插一根竹签，确认中间芯部干透后再浇水。

用线将水苔绕紧固定就完成了！

迷你洋兰苔藓球的管理方式

◉ 浇水

在芯部干燥之前都不要浇水。如果从上面往下浇水，水会从水苔表面流下去，所以浇水的时候要把苔藓球整个浸在水中吸水。

◉ 肥料

5~10月每周一次，施以标准倍率的液体肥料代替浇水。

◉ 摆放位置

可放在悬挂了蕾丝窗帘的窗边。蝴蝶兰叶子下垂的那一面要向南放置，接受充足的阳光照射。

种出半球形的迷你洋兰

进阶教程

将苔藓球做成空心、外观呈半球形。由于兰花比苔藓球干得还要快一些，冬季时，要用湿润的水苔防止兰花『感冒』！

虽然看起来仿佛是把苔藓球装在花盆上，但实际上中间是空心的。这种半球形的种植方式，活用了日本原产的风兰的传统栽培法，这也是闻名世界的日本兰花种植技巧。

◎ 准备材料

· 迷你洋兰（图片中是迷你蝴蝶兰）
· 长一些的水苔（用水复原后轻轻拧干）
· 花盆
· 功能饮料瓶
· 剪刀

1

把饮料瓶倒过来，将水苔以十字形搭上去。之后继续层层交叉叠放，直至不露一丝缝隙。

2

将迷你洋兰的根部展开，移动到中心位置，摆在按照步骤1处理的水苔上。

3

用较长的水苔绕迷你洋兰根部3~5圈，直至根部完全藏进水苔里，做成半球形。

4

用剪刀修剪整理过长的水苔，小心拔掉饮料瓶，注意要保护好半球的形状。

5

将半球体的一半埋入花盆里，再整理一下水苔造型就完成了！

种成半球形的蝴蝶兰，不开花的时候也可以欣赏那好像小兔耳朵的姿态。

食虫植物苔藓球的制作方法

人气渐渐上升的食虫植物。使用湿地植物中的瓶子草或捕蝇草的话，推荐试用使其不易缺水的底部补水方式。

1 将植物从花盆中拔出，将根部土块侧面和底面的土（还有水苔之类的）轻轻剥落，然后把配好的土轻轻涂抹在根部土块上。

3 不织布剩余的部分就这样留在外面，用大灰藓将土包裹住，再用线缠绕固定。

4 用剪刀把线头压进苔藓球里就完成了！

2 用镊子等从根部土块底部到中心挖一个洞，将不织布塞进去。

◎底部上水是苔藓球的理想管理方式

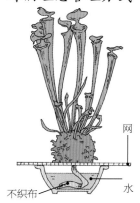

网

不织布　　　水

如果把苔藓球直接浸在水里养，虽然能够防止植物缺水，但是水泡着的苔藓部分就会变黑。用这种底部上水的方式不仅能防止缺水，还能使苔藓始终保持光鲜亮丽！

◎ 准备材料

· 食虫植物（图片中是瓶子草）
· 大灰藓
· 用土（将小粒赤玉土和泥炭土按照 7 ：3 的比例混合，加水和匀）
· 不织布（约 2cm 宽，用来吸水）
· 棉线
· 带抹刀的镊子
· 橡胶手套

食虫植物苔藓球的管理方式

● 浇水

瓶子草和捕蝇草应采用底部上水的方式，或经常让苔藓球的底部浸透水，但是，浸水的那部分苔藓容易变黑。猪笼草的苔藓干了的话就从上至下浇水，时不时地用喷瓶往叶子上喷水以保持湿度。

● 肥料

不需要施肥。虽说不需要特意喂虫子，但是如果想看它捕食，可以每个月给它喂一次 5mm 左右大的水煮蛋蛋白。

● 摆放位置

容易买到的瓶子草、捕蝇草全年都可置于户外向阳处。猪笼草不能被阳光直射，需要放在明亮的背阴处，冬季应移回室内。

番外篇

更多花样、独一无二的苔藓球

扭紧铜线以固定圆盖阴石蕨的根部土块，再把剩余的铜线吊起来就完成了！

垂吊骨碎补苔藓球

说起垂吊骨碎补，那就是日本夏季的象征。

这里选用骨碎补科中常绿的圆盖阴石蕨，加上茶道经常使用的菊花炭，再配上桧叶白发藓等苔藓，打造和风绿色室内设计。来制作一款这样的垂吊苔藓球吧。

1 将两条约 30cm 长的铜线（直径 1mm，绝缘线）其中一端弯折后插入炭的中央。

2 将圆盖阴石蕨的根部土块用水轻轻洗掉一些土，插在从炭里伸出来的铜线上。

3 将泥炭藓土用水浸湿后包在根部土块上，再把桧叶白发藓贴上去用"U"形夹固定。

制作：增田耕造

金发藓半球和垂吊苔藓球

苔藓庭园中使用的金发藓，虽说因其叶片过长不适合制作苔藓球，但如果用上插花用的花泥，就能做出桧叶金发藓半球或垂吊苔藓球！

用压花或者集邮用的小镊子，耐心地、满怀喜悦地将苔藓一根一根地插上去。

垂吊苔藓球是用金属网包裹住球形花泥再插上苔藓完成的。将其放置在明亮的窗边，时不时地用喷壶喷一些水上去，太干的话就泡在水里吸水。叶子太长的话就修剪一下。

1 将花泥切成半球形，将整理好的剪成 2cm 长的桧叶金发藓一根一根地插上去。

2 桧叶金发藓插好后的样子。直径 5cm 的半球，需要一整杯 500mL 的桧叶金发藓。

3 将步骤 2 的成品浮在水上，使其自然沉浸下去需要吸水大约 30 分钟，等叶片全部张开就完成了。可以装饰在玻璃杯等容器里。

作为礼物的苔藓球

用苔藓球代替切花花束或盆花作为赠礼，怎么样？

可爱而又方便移动的苔藓球非常适合做礼物。这里就介绍一些制作「作为礼物的苔藓球」的小创意。

可以在室内观赏1周到10天（但是上午应该让它在室外晒2~3小时），之后应完全移至室外养护。花谢后应及时摘掉。

代替花束的 花苔藓球

比花束能更长时间欣赏的花苔藓球。

送给不太擅长园艺的人的时候，推荐使用花期较长（如一个季度）的一年生草本植物。

包装的秘诀

苔藓的部分用蜡纸或玻璃纸来防水，然后用麻布等材料包裹起来，系上蝴蝶结。

◉ 花苔藓球的制作方法

◎ 准备材料

当季的一年生草本植物（图片中是百日菊、千日红、锦紫苏、缕丝花'满天星'、岩莲各一盆）。
用土（将小粒赤玉土和泥炭土按照6：4的比例混合，加水和匀）、大灰藓、插花用的绿色金属线、盆、橡胶手套等。

1
将各个种苗从花盆中取出，轻轻剥开根部土块，用水轻轻冲洗掉一些泥土至只剩下一半。水中加入植物活力剂可以使开花时间延长。

2
按照步骤1处理完后，剪掉过长的根部，去掉干枯的叶子。将置于中心位置的花（图片中是百日菊）的根部土块轻轻握紧，用土包裹。

4
摊开大灰藓，包在土球上，用弯成"U"形的绿色金属线别住。大灰藓的绒毛要朝上，这样就会有一种朝气蓬勃的感觉。

3
在步骤2的成品周围均匀地添上剩下的花及用土，裹成球形。

5
用线缠绕固定苔藓后就完成了。线横着绕上2~3圈，再打个十字结会更美。

分株苔藓球

将小小的绿意送给他人

观叶植物大多具有较强的繁殖能力，做成盆栽的话，在移植的同时也必须进行分株。分株后的观叶植物，就可以变身为小小的绿色礼物！

从上到下分别是常春藤'白雪姬'、铜钱草、小叶冷水花。

◉ 分株苔藓球的制作方法

1
将观叶植物从花盆里拔出，轻轻剥开根部土块，把下面的旧土抖落。按照喜好的大小用手或剪刀进行分株。

2
剪掉长根的末端，枯死的根部也应剪除。根部土块用土补成球形。

3
用大灰藓包裹根部土块，用线缠绕固定。再将较长的茎部剪短就完成了。

◎ 准备材料

需要分株的观叶植物（图片中是地锦）。
用土（将小粒赤玉土和泥炭土按照6：4的比例混合，加水和匀）、大灰藓、棉线或缝纫线、盆、橡胶手套等。

包装的秘诀

用蜡纸或点心纸杯来防水，装进盒子里，再用饰品装饰一下就更可爱了。

手工创意苔藓球

使用金属线自由创作

放在花盆里可能不太好看的苔藓球，花点功夫大手工改造一下，就成了一份充满创意又上档次的馈赠佳品。接下来我们就用铝线来装饰一下苔藓球吧。

包装的秘诀

利用容器和铝线就能轻松完成的鸟笼风格创意苔藓球。赠给别人的时候，可以用串珠或弯曲的铝线作为装饰，再用麻布或蜡纸、椰棕等材料来包装。图片中是地锦。

变化进行时

用手将铝线弯成各种各样的形状，弧线也好圆圈也好，随心所欲地自由发挥吧。图片中是拟天冬草（左）、小叶冷水花（右）。

◉苔藓球专用鸟笼的制作方法

◎ 准备材料

不同粗细的铝线（直径 2mm、1mm 等）、手持电钻、钻头、塑料盘、尖嘴钳、剪钳、珠子等。

1
电钻装上钻头，在塑料盘边缘等距离钻出 4 个小孔。

3
铝线交叉的顶点部分用细铝线系一个结，做出鸟笼的雏形。再用细铝线缠在粗铝线上固定。

2
将弯曲成 "U" 形的两条粗铝线交叉穿过 4 个孔，将其前端弯折后固定在盘上。

4
下方 1/3 部分用细铝线缠绕几圈，串上一些珠子或用铝线折成各种造型装饰，然后放入苔藓球就完成了！

园艺中经常使用的水苔
究竟是什么苔藓？

秋山弘之

世界上最繁茂的苔藓

园艺中常用的水苔，其学名是"泥炭藓"。世界上约有150种泥炭藓，其中分布在日本的有35种。这可是苔藓之中最为繁盛的一支了。地球所有陆地面积的约2%被泥炭藓湿原占据，而其中大多数集中在北半球高纬度地区。从卫星图片中就会发现那广阔的湿原确实大得超乎想象。

泥炭藓的叶子由两种细胞组成，一种是光合作用细胞，另一种是空心的细胞。空心的细胞有可以让水分进出的孔，它可以储存相当于自身质量20倍的水。它是像尾濑原这种湿原的主要构成物种，可以耐受其他植物无法生存的强酸性环境。

由于酸性的环境会加速植物本体的腐烂，现在的泥炭藓湿原是那些几百年未曾腐烂的泥炭藓一点点积累下来的。它们在地下深处经过压缩成了泥炭。北欧等地区会将这种泥炭挖出来，干燥后作为燃料使用。这也是"泥炭藓"这个名字的由来。

园艺中常用的"泥炭藓土"，其主要原料就是泥炭化的泥炭藓。它们全部都是从野外的湿原中采集而来的。顺带提一下，有报告指出泥炭藓和一种被称为孢子丝菌病的传染病有关，因此无论是新鲜的还是干燥的泥炭藓，直接用手接触后一定要认真洗手。

完全未干燥过的新鲜泥炭藓，在湿地或常常滴水的岩石上比较常见。

苔藓园艺的乐趣

可以用花盆来种植，也可以种在石头或木头上，
尝试各种各样的新鲜点子，才是苔藓园艺的魅力。

细村武义（ P.54~65 ）
高城邦之（ P.66~68 ）

苔藓园艺的魅力

平日里大多是当陪衬的苔藓，在苔藓园艺中却是真正的主角。去尽情感受那美丽的绿色、独特的造型，以及可爱的触感吧。

从一盆小小的苔藓中
窥见广阔的绿色世界

只要一看到苔藓，心境就会"唰"的一下平静下来，仿佛瞬间被治愈了。苔藓因体积过小，看起来与其他植物相差悬殊，但默默地让人逐渐沉浸在这绿色的空间里，如同在苔藓庭园或森林中散步一般，让人有一种放松的感觉。一点小小的绿色却能让人感受到广阔的风景，这就是苔藓最大的魅力。

要想养出带有这种不可思议魔力的苔藓，只需手掌大小的空间就足够了。苔藓的耐旱能力很强，就算有时候忘记浇水也没问题，而且也不需要肥料。养普通植物总会干死的人，身为绿色的伙伴，请一定试着挑战一下苔藓园艺。

除花盆以外，苔藓还能种在石头、木头上，或种在泥土上描绘出雄伟的山景。苔藓具有其他植物所没有的广阔胸怀，它一定会满足你那颗爱玩的心。

根据喜好、目的及环境
选择合适的苔藓

这里，我们主要选用因拥有天鹅绒般的质感而独具魅力的桧叶白发藓。其他的如东亚砂藓、真藓、大灰藓、桧叶金发藓等，各种各样的苔藓都能从园艺商店买到。虽然说都是苔藓，但每种苔藓的颜色、形态、质感、生长环境都各不相同（请参照第 94~97 页），请尽量多多尝试吧。一般来说，桧叶白发藓、东亚砂藓、真藓用来制作苔藓盆或盆栽，大灰藓用来制作苔藓球，东亚砂藓还常被用于苔藓庭园。

撒落在苔藓盆中的绶草种子开了花，朴素的景色在这小小的花盆中静静蔓延开来。

一旦吸取水分就会展开星形叶子的东亚砂藓，非常适合搭配正方形等形状方正的花盆。

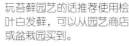

玩苔藓园艺的话推荐使用桧叶白发藓，可以从园艺商店或盆栽园买到。

小小苔藓盆

手掌大小的小花盆或豆豆盆，种上苔藓就成了简单的苔藓盆。小小的花盆蕴含着无限广阔的绿色，放在手中静静凝视着、抚摸着，仿佛宠物一般可爱。

在白色的球形花盆里种上桧叶白发藓。和花盆融为一体的球状造型，不管什么时候都可爱得让人想要多看几眼。

苔藓盆的制作方法

◎ 准备材料

· 苔藓（图片中是桧叶白发藓）
· 花盆
· 用土（按照小粒赤玉土3份、泥炭土1份、富士沙1份的比例搭配的混合土）
· 花盆底网
· 铝线（直径1mm）
· 土铲
· 筷子
· 剪刀及喷瓶

1

将铝线弯折成一个"U"形夹插在花盆底网上，用"U"形夹将网固定在花盆里。把网四边的角剪掉的话会更容易与花盆底贴合。

2

将土倒入花盆至土和花盆边缘平齐，中央位置要高出来一些。用筷子戳一下土，使其填满缝隙，这样在浇水的时候土就不会完全沉下去了。用喷瓶喷大量水，使土的表面充分湿润。

3

打湿苔藓。与花盆边缘接触的部分用剪刀修平，使其和花盆边缘完全贴合。

4

就像玩拼图一样，把苔藓一块块铺上去，并且使块与块之间的边缘贴紧。再用手轻轻地把苔藓压入土壤中。

苔藓盆的浇水方式

用手轻触苔藓，如果只能感受到微微的湿气的话，就要用喷瓶喷一些水，或用洒水壶从上向下浇一些水。

如果已经是干巴巴的状态，那么从上往下浇水的话水可能会被直接弹开不被吸收，应当将整个盆浸在有水的盆子里5分钟左右，使其从花盆底部吸水。但是，如果全部都放在水里，可能会使苔藓脱离土壤浮起来，所以关键点是水位应该和花盆边缘差不多高。

苔藓盆整个都干巴巴的话，将它泡在水里大约5分钟，就能恢复美丽的绿色。

5

用手指向盆中推压苔藓，避免它溢出花盆边缘。但是，推压的时候注意不要让苔藓鼓起来而与土壤之间产生缝隙。

6

将撕碎的小块苔藓塞在表面有缝隙的部分，用筷子压进去使其和周围融为一体。

7

用指腹轻轻地整理形状，使其成为一个美丽的半球形。再用喷瓶多喷一些水就完成了。

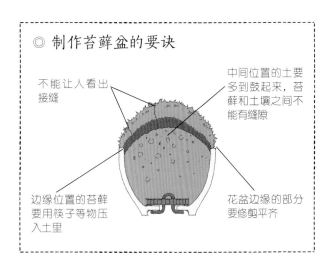

◎ 制作苔藓盆的要诀

不能让人看出接缝

中间位置的土要多到鼓起来，苔藓和土壤之间不能有缝隙

边缘位置的苔藓要用筷子等物压入土里

花盆边缘的部分要修剪平齐

搭配枝干有一定弯曲度的黑松，如此摩登的造型正贴合了那颗爱玩的心。和苔藓球一样，根部不容易盘结，所以可以观赏 5~7 年。

种在平坦的石板上

稍微花点功夫的话，就能把苔藓或植物种在平坦的石板上。贴上美丽的半球状苔藓就完成了。

种在木板上

　　根系较少的实生苗和苔藓搭配的话，即使只是在木板上挖一个小小的凹槽也能顺利容纳。可以做出好几个，然后玩一玩各种摆放搭配。

野漆实生苗和桧叶白发藓种在日本扁柏木板上。如果要同时排列多个，一定要注意全部都应统一在一个画面里，枝干的弧度不要重复。纯粹的苔藓球作为搭配，会显得更加张弛有度。

种在石板上的方法

◎ 准备材料

- 扁平的石头（图片中是从观赏石上切下来的一块）
- 黑松
- 苔藓（图片中是桧叶白发藓）
- 用土（将泥炭土、小粒赤玉土、富士沙按照 3：1：1 的比例混合，加水和匀）
- 速干胶
- 铝线（直径 1mm）
- 橡胶手套、少量赤玉土、剪刀、喷瓶等

1

将植物连盆一起放在石板上，确定种植位置和角度。稍微倾斜一点的话，制造出枝干的弧度及空间感会更有趣。

2

决定了种植的位置后，将固定根部用的铝线摆好，倒一些赤玉土磨碎后的粉末，在上面涂上速干胶，把它们固定在石板上。

3

在按照步骤 2 处理好的铝线上面铺上配好的土，把周围的土堆得高一点，形成一个浅浅的"盆地"。尺寸比植物的根部土块稍微小一圈比较好。

4

将黑松根部的土尽量抖落后捏圆，放在按照步骤 3 堆好的土堆上面，在不损伤植物根部的前提下用铝线轻轻别住根部。剪掉剩余的铝线。

5

用土将植物的根部覆盖住。因为铺上苔藓之后厚度就出来了，所以此时不要把土堆得太厚。

6

从下向上铺上苔藓，不要留一丝缝隙。再整理一下造型就完成了。泥炭土未完全干燥的 3 天内只用喷瓶浇水。之后如果苔藓干了就开始从上面浇水。

种在木板上的方法

◎ 准备材料

· 木板（图片中是 3cm 厚的日本扁柏木，长宽都随意）
· 实生苗（图片中是黑漆）
· 苔藓（图片中是桧叶白发藓）
· 用土（按照小粒赤玉土 3 份、泥炭土 1 份、富士沙 1 份的比例搭配的混合土）
· 防滑胶粒（缓冲材料）4 个
· 花盆底网
· 铝线（直径 1mm）
· 美工刀
· 手持电钻
· 钻头
· 橡胶手套、土铲、剩余木料等

※ 由于人的体质不同，有些情况下黑漆会导致皮肤炎症，因此作业时请戴手套。

1

用铅笔在木板上画上想要做的形状，用美工刀挖出一个深约 1.5cm 的凹槽备用。如果让建材市场的人帮忙加工也不错。

2

在按照步骤 1 处理好的凹槽底部，用电钻或锥子钻出一个排水用的孔。如果钻的孔比较小，可以钻出 3~4 个。

3

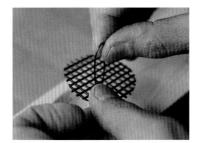

按照凹槽的大小剪出合适的花盆底网，用铝线弯成的"U"形夹穿过底网和排水孔固定。

4

在木板的背面四角贴上防滑胶粒。这样会让透气性和排水都更好，木板也可以用更长时间。

5

覆上薄薄一层土盖住底网，将实生苗根部的土尽量抖落后放入凹槽。之后用配好的土覆盖，用筷子戳一戳填好缝隙。

6

贴好苔藓就完成了。将苔藓中间剪开后再包住植物，这样会更结实。

用苔藓描绘风景

以苔藓为山，以装饰沙为河川或大海，在这小小花盆中描绘出宛如自然之景的微型景观吧。以枯山水为模本，将树木和树下的草放进去，看起来更加写实。

在边长 15cm 的四方盆里，用桧叶白发藓、富士沙、山毛榉、斑纹秀丽玉簪、玉龙麦冬描绘溪谷的风景。俯视整个花盆，仿佛陶醉在伟大的大自然中一般无比愉悦。

◎ 准备材料

- 扁平的花盆
- 主干（图片中是山毛榉）
- 树下杂草（图片中是斑纹秀丽玉簪，玉龙麦冬）
- 苔藓（图片中是桧叶白发藓）
- 用土（用小粒赤玉土3份、泥炭土1份、富士沙1份比例搭配的混合土）
- 装饰沙（图片中是富士沙）
- 花盆底网
- 铝线
- 土铲
- 筷子
- 剪刀、喷瓶等

✂ 准备工作

花盆底网用铝线穿过，通过花盆底孔固定。

尽量把根部的土抖掉，较长的根部用剪刀剪短。为了防止干燥，根部用喷瓶喷一些水上去。

1

在盆中放入约1cm深的土，将主干山毛榉种在花盆的一角。这个部分要做成比较大的山形，所以土要堆得高一点。

2

在主干的脚下放上斑纹秀丽玉簪和玉龙麦冬，描绘出山上的植被。

3

继续添土，使山的部分显得更高，用筷子戳一戳，把缝隙填满。用喷瓶喷湿土壤，这样斜面的部分就不容易塌掉。

4

在对角种上玉龙麦冬，做出一个小一点的山。由于溪谷的部分要用富士沙覆盖，所以要比花盆边缘低1.5cm左右。

5

由下开始给较大的山铺上苔藓。由于苔藓块本身高低不平造出起伏的样子，山的模样也就显现出来了。

6

用撕碎的小块苔藓填满花盆边缘和植物间的缝隙。

7

这就是山被苔藓铺满后的样子。溪谷部分的土用手指轻轻压平一点。

8

溪谷部分铺上1.5cm左右厚的装饰沙。养护方式和迷你盆栽相同（请参照第78~80页）。

63

赏玩美丽苔藓的小窍门

这里介绍的就是能够让美丽的苔藓一直保持绿色的方法。

这是苔藓稍显娇贵的一面。

如果周围环境不适合苔藓生长，就会产生变色等问题，

因其浓郁的绿色和圆圆的厚实的姿态而深受喜爱的桧叶白发藓。

Point ❶
苔藓的挑选

就算是同一种类的苔藓，因生长环境不同，颜色和叶子的长度都有微妙的差异。所以在购买的时候要好好挑选。另外，就算颜色稍逊，只要让苔藓生长在适宜的环境，它还会恢复美丽的绿色。

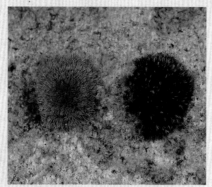

已经发黑的桧叶白发藓（右），放在树荫下等湿度适宜、通风良好、夏季凉爽的地方，也会恢复成浓郁的绿色（左）。

Point ❷
苔藓的繁殖

贴完苔藓后剩下的边角料直接扔了的话就太浪费了！只要在花盆或庭院里撕碎撒播，就会自然地长出许多苔藓（请参照第29页）。几年后，就可以用于苔藓园艺了。

只要撒一小撮在土上面，慢慢地就会越长越多了。

Point ❸
苔藓的养护

多余的苔藓需放在赤玉土上置于半阴处养护。浇水和普通的花草一样见干见湿即可。虽说苔藓比较喜欢贴近地面的环境，但是要注意蚯蚓和西瓜虫等。

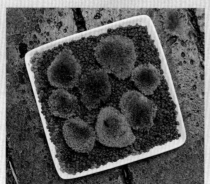

在扁平的花盆上铺上赤玉土，然后将苔藓放在上面养护。

Point ❹
苔藓的修剪

桧叶白发藓之所以被称为白发藓，是因为在干燥或日晒的环境下叶片会变为白色。发现因干燥而变得难看的叶子，可以用剪刀剪短，让新的绿叶长出来。东亚砂藓可以修剪也可不修剪，大灰藓有时只是暂时的叶片变色，所以不推荐修剪它们。

叶片长得太长或受损的话，可以修剪一下。

重制苔藓球

反过来，从盆栽重制成苔藓球也是可以的哦。

就把它拆解一下种在花盆里吧。

但是如果想转换一下气氛，

虽说不进行移植，苔藓球也能养好多年，

重制前

日本紫茶、圆叶风铃草、山东万寿竹、玉龙麦冬的苔藓球。

重制后

苔藓球拆解后做成的盆栽。调整混栽植物的平衡或改变花盆的颜色，就成了全新的装扮。

1
用剪刀将苔藓和线绳剪一圈，注意不要伤到植物的根部。

2
用手剥开苔藓。剥下来的苔藓可以铺在花盆的土上，也可以用在其他的苔藓球上。

3
用手拆开根部土块，做混栽的话只要分出来一株植物即可。

4
用筷子剔掉根部附着的土。根部过长的话，用剪刀剪掉一半左右即可。

5
将作为主干的日本紫茶放在花盆中央，固定种植的位置和角度。

6
在日本紫茶的脚下搭配一些草，一边种一边添一些土上去，种好就完成了。

用水盆养爪哇莫丝

用喜爱水边或水生环境的苔藓
描绘出清凉的景色吧。

水盆栽培，成功的秘诀！

苔藓的水培虽然看上去很难，但实际上却意外的简单。成功的秘诀，就是要选用"爪哇莫丝"品种的苔藓。

爪哇莫丝，是一种原产于东南亚、南亚的对温度和光线适应力较强、非常适合水培的苔藓。比起日本产的水生苔藓，爪哇莫丝真是格外容易养。由于爪哇莫丝大多长在饲养热带鱼的水族箱里，流通量也够大，所以在观赏鱼店或建材市场比较容易买到。

能够将苔藓的魅力充分展现出来的水边或水盆栽培法，请大家一定来试试看吧。

爪哇莫丝搭配着迷你蕨一起盛放在玻璃碗内，打造出海面上无人岛的景色。

图片中是白青鳉鱼。因为非常显眼，所以适合用来观赏。

感受群落生境的魅力

能够轻松创造出一个植物和小生物共存的环境，这就是水培的魅力。注意换水时应使用已经晾好的水，喂食也不应过多。只要稍微花点心思，就能让植物和动物都保持健康，自己的心情也会加倍变好。

白青鳉鱼

因为爪哇莫丝拥有容易附着在其他物体上的特质，所以把它和石头放在一起会比较好。左图是用水盆同时养了爪哇莫丝和水边植物，营造出清凉的气氛。

在水里养苔藓的话，用棉线将苔藓绑在石头上，大约 1 个月就生根了。

◎ 准备材料

· 苔藓（爪哇莫丝）
· 水盆
· 水生植物用培养土
· 石头
· 不织布
· 喜爱的水生植物，图片
  中从左侧开始为红花
  圆叶节节菜、白鹭莞

1

考虑一下植物和石头的摆放，在靠里面的位置放上植物，然后像围堤坝一样排列石块，这样看起来比较好看，也不容易失败。

2

将土倒入花盆至 1/3 的高度。放置石头时注意高度，最好是让石头的上部露出水面。

3

按照步骤 1 里计划的位置摆放植物和石头，向间隙里倒入土壤来栽种。

4

在想要铺苔藓的地方放上不织布。为了能够给苔藓供水，不织布的另一端应该浸在水里。

5

将苔藓铺上去并彻底盖住不织布，多余的部分用剪刀剪掉。

6

注水的时候直接把水浇在石头上，避免培养土变形。

换水和摆放位置都需要注意！

将水从边缘注入，让原来的水顺着边流出来。

● 换水

换水的频率，每周一次是最基本的。但是，水温较高的夏季，盛水较少的小容器里水质会恶化得很快，所以要适当提高换水频率。

● 摆放位置

这一点几乎和观叶植物一样。由于阳光直射容易使水温上升，很可能导致藻类生长，所以最好放在阳光能够透过蕾丝窗帘的窗边。

用苔藓让小小的盆栽
魅力十足

制作一个以苔藓为特色的盆栽。

这里将以苔藓的铺贴方式和处理方式为中心做介绍，帮你成为真正的"苔藓达人"。

山口麻里（P.70~87）

制作迷你盆栽

小树的新绿和苔藓的绿色交相辉映，这就是初夏的杂木盆栽。春天嫩芽，夏季绿叶，秋季红叶，冬季寒树，如此变幻的姿态让人一年四季都看不够。

为什么要在迷你盆栽里铺上苔藓？

苔藓，是能够让盆栽绽放光芒的黄金配角。盆栽制作完成后一铺上苔藓，草原、树林、森林、山峰等美丽的景色，就在这小小的花盆里栩栩如生地展现出来了。

苔藓，也间接掩盖住了那些不想被看到的东西。因为是在一个小花盆里种了植物，为了将植物根部固定在盆中不易拔出，所以会用到铝线。如果在这种铝线或露出地表的细小根茎上铺上苔藓，就能达到美化表面的状态。

另外，在这种盆栽中，不是土已经装得满满的快要溢出小花盆边缘了，就是土堆得高高的做出高低起伏状，若不用苔藓固定住土壤，浇水时水流难免会把土冲走。

制作盆栽时使用苔藓的话，无论什么种类都可以。用筷子拨弄苔藓，使其叶片互相交错，再撒上装饰沙混合，就完全看不出铺上的痕迹。

◎ 准备材料

- 苗木（图片中是实生矮小天仙果）
- 盆栽花盆
- 用土（极小粒赤玉土）
- 装饰沙（图片中是富士沙）
- 苔藓（图片中是燕尾藓）
- 花盆底网
- 土铲
- 勺子
- 剪刀
- 镊子
- 筷子
- 铝线（直径 1mm、1.2mm）

✂ 准备工作

用手弯折直径 1.2mm 的铝线，折成图片中的别针形状。

把别针插在花盆底网上，一并放入花盆中。然后把花盆翻过来，弯折别针，使网固定在花盆上。

1

把固定好底网的花盆翻过来，把弯成 "U" 形的直径 1mm 的铝线穿过花盆底孔。

2

把花盆翻回正面，为了不影响后续操作，把铝线搭在花盆边缘。

3

从盆里将植物整棵拨出，用镊子轻轻地把表面的土尽量拨掉，直到露出最上面的根。

4

拨掉表面的土后的状态。盆栽的根部是否美丽是非常重要的，所以要确认最上面的根是从哪里长出来的。

5

确认上方根部的样子后，把下面的土拨掉，确认根部伸展的情况。然后把缠绕的根部拆开，把所有的土都去掉。

6

根据花盆的深度剪掉较长的根。干枯的根、腐烂（变黑）的根都剪掉。

把植物放置在花盆中，决定要种植的高度。用筷子之类的东西架在花盆上，这样就很容易知道加土的时候高度到哪里了。

7

8

种的时候按照步骤 7 里看到的高度倒入薄薄的一层土。

9

将植物的正面面对自己放入花盆中。认真观察枝干的伸展方向，枝头朝向自己的就是正面。

10

用手将植物压下去，确保正面的位置不偏移，同时用筷子将根部向四周铺开。

11

将按步骤2做好的铝线捏紧，固定根部使其无法移动。将多余的铝线剪掉。

12

添上土，对植物的角度和朝向进行微调，用筷子拨弄土壤使其填满根部缝隙。

13

用土填满根与根之间的缝隙直到植物不会摇晃，用手轻压土壤，并使花盆中间的土隆起。

14

铺上苔藓，用手压紧。苔藓背面的土比较厚的话，用筷子之类的东西拨掉。

15

像拼拼图一样铺上苔藓。苔藓块与块之间衔接的地方，用筷子等拨弄一下，使叶片互相交错才会更好看。

16

将从花盆边缘冒出来的苔藓压进花盆内。

17

把富士沙之类的装饰沙倒在苔藓块衔接的缝上，用指尖敲一敲花盆，使沙子落进缝里。

18

将长势过猛的枝条剪短，修剪树形，再整理一下就完成了。

试着铺上有厚度的苔藓

这里就介绍一下熟练铺上厚苔藓的方法。

但是有一定厚度的苔藓也是相当有魅力的。

虽然对初学者来说平坦的苔藓更容易铺开，

不把苔藓铺满也不错。没有苔藓的那部分铺上寒水石等装饰沙，就能描绘出水边或残雪的景色。

1 将赤玉土倒入花盆中至花盆边缘下方几毫米处。浇水使土壤湿润，用手做出高低起伏的形状。

2 苔藓的背面用剪刀打薄，但不要将它弄散。

◎ **准备材料**
·有一定厚度的苔藓（图片中是桧叶白发藓）
·装饰沙（寒水石）
·盆栽花盆
·极小粒赤玉土
·勺子
·镊子、花盆底网等

3 把苔藓铺在土上，用手按压。接缝处的每一根都要调整好朝向。

4 弯曲手指，轻轻地挤压苔藓，注意不要让接缝裂开，营造出苔藓庭园般的温馨气氛。

5 冒出花盆边缘的苔藓，用镊子压进花盆里面。

6 没有铺苔藓的部分，用寒水石之类的装饰沙铺满，直到看不到土壤露出就完成了。

制作混栽盆栽

如果已经熟悉了制作盆栽，就可以试着挑战一下种多棵树木的混栽盆栽。完成后再铺上苔藓，也就成了小小森林或树林的风景。

种了 5 棵实生野茉莉的混栽盆栽。纤细的树干和厚重的花盆由苔藓连在一起。

用许多树来描绘森林或树林的景色

盆栽有其基础类型，混栽盆栽就是其中一种。但是，这里并不是像混栽的盆栽庭园一样，将好几种树木或草类混合种植在一起，而是种上奇数棵的同一种树，表现森林或树林的景色。

苗木的话推荐使用树干较细的实生苗。用最粗最高的一棵当主干，再按照不等边三角形的布局来补足其他树，这样完成的盆栽会更有平衡感。

让树下看起来也很美

混栽盆栽可以铺上苔藓来做修饰。为了使每棵树下的苔藓都不会浮起来，要用筷子之类的东西将它们压进去，这样树下看起来才会很美。

并不用将苔藓全部铺满，只贴一部分也没关系。有铝线或者细根露出地表等想要遮住的地方应该优先铺苔藓。剩下的露出的土壤，铺上装饰沙来装饰就完成了。

◎ 准备材料

· 苗木（图片中是实生野茉莉）
· 盆栽花盆
· 用土（极小粒赤玉土）
· 装饰沙（图片中是富士沙、赤玉土、细桐生沙混合而成的）
· 苔藓（图片中是燕尾藓）
· 花盆底网
· 土铲
· 勺子
· 剪刀
· 镊子
· 筷子
· 铝线（直径 1mm、1.2mm）

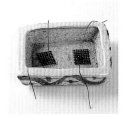

✂ 准备工作

用铝线弯成的别针穿过花盆底网，将其固定在花盆底孔上，再翻过来把固定根部的铝线穿过来搭在花盆边上（请参照第 71 页）。花盆底部有多个孔的话也这样做。

1 从盆里把苗木拔出来，按照上面、下面、侧面的顺序去掉根部土块上的土，并且把根部拆解开。

2 如果要将多棵实生苗种在一起，就要把它们一棵一棵拆开。把它们根部的土抖得干干净净。

3 将最高最粗的一棵苗木当作主干，挑选 5 棵苗木摆成不等边三角形。

4 决定组合摆放方式后，要整理每一棵苗木的根部。首先要把过长的根剪到和花盆深度一样长。

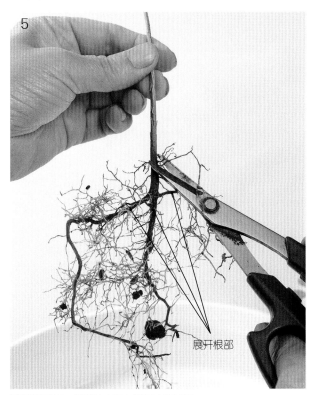

展开根部

5 将根部展开，把长得太靠上的根从头剪掉。

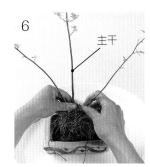

主干

6 在花盆内倒入薄薄的一层土，把主干和第二、第三粗的树苗放进去，把它们的根部交叠在一起。

7 前方和后方放上第四、第五粗的树苗，营造出纵深感。把所有植物的根尽可能地叠在一起，使它们更稳定一些。

8 把固定根部用的铝线捏紧，以固定植物。

多出来的铝线不要剪掉，可以继续向上绕在树苗上使其更加稳固。之后将根部充分向外展开即可。

将土倒入花盆，与花盆边缘平齐，用筷子将土填入根部的缝隙。一直重复此操作，直到植物完全不会晃动为止。

土全部装好后的样子。用手按压土壤，使植物脚下的部分更高一些。

大量浇水直到水从花盆底孔里流出来。浇水的时候根部和图片中一样，会浮出表面。

用手按压的方式铺苔藓，根部或铝线露出的地方应该优先铺。

为了不让植物脚下的苔藓浮起来，要用筷子稍用力压紧，这样看起来苔藓就不像铺上去的而像自然长出来的。

全部铺满苔藓当然不错，但是只铺一部分、剩下的部分撒上装饰沙也别具风情。

种在7：3的位置最理想

犹豫着不知道将植物种在花盆的哪个位置好的时候，按照长宽比，特别地注意一下，维持7：3（或6：4）的比例就能隔出好看的间距，平衡感也会更好。但是，根据树形或花盆的不同，种在中心的情况也是有的。

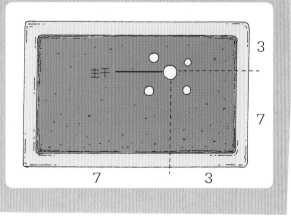

● 赤玉土

将关东沃土层（火山灰土）的中层不含有机物的红色土壤干燥后形成的颗粒状的土就是赤玉土。其透气性、排水性、保水性、肥力保持性都很强，它经常用作盆栽及花盆种植的基础用土。出售时会有大粒、中粒、小粒等不同种类。极小粒（盆栽专卖店等可以买到）和细赤玉土是将小粒赤玉土过筛后得到的。

准备工作

1
花盆中有微尘驻留的话，透气性和排水性都会变差，所以应该用筛子将微尘筛掉。

2
按照筛子网眼的大小来区分使用，尽可能地将不同大小的颗粒细分出来。如图：小粒（右上）、极小粒（右下）、细赤玉土（左上）、微尘（左下）。

● 桐生沙

采集自群马县桐生市附近含铁元素较多的红褐色火山沙砾。它质地非常坚硬，不易碎裂，透气性和保水性皆佳。细桐生沙当作装饰沙使用，效果也很不错。

● 鹿沼土

采集自栃木县鹿沼地区火山沙砾风化后形成的黄色颗粒状酸性土壤。主要在制作杜鹃花盆栽时使用。透气性和排水性都极佳，适合用作扦插或播种时的用土。

● 寒水石

将茨城县北部采集的石灰岩敲碎后做成装饰用的纯白沙子。经常出现在正月的混栽盆栽里。铺在土的表面可以描绘出白雪、河川、大海之类的风景。

● 富士沙

富士山的火山沙砾中的黑沙。和用土混合排水性、保水性、透气性都会更好，也可以作为装饰沙使用。其颗粒大小不一，所以需要过筛整理。

最基本的是赤玉土！

盆栽的土壤和装饰沙

盆栽要用的土里，小粒赤玉土和极小粒赤玉土是最基本的。对较浅的花盆来说，盆底就不用铺大颗粒底石了。装饰沙指的是铺在土壤上面的装饰用沙砾。

培育迷你盆栽的五大要诀

下面就来告诉你需要知道的五个培育迷你盆栽的要诀！

要想养好盆栽，要花上数年或数十年来与它认真相处，这就是盆栽的魅力。

1. 摆放位置

摆在光照和通风良好的台子上。

　　大多数植物都喜欢光照和通风较好的环境。不要把花盆放在地板上，应将其放置在台子、架子等地方，这样还可避免受泥沙喷溅及阳光反射的侵害。盆与盆之间保持一定间距，保持通风良好非常重要。

在堆叠起来的水泥砖块上放上木板，或是用买来的花架当盆栽架也不错。花盆下面不用放置底盘。

2. 浇水

装上莲蓬头，温和地给盆栽喷上大量的水。

　　对于比较小的盆栽花盆，尤其要注意不能缺水。花盆里的土干掉的话，上午的时候用装上莲蓬头的洒水壶从植物上方温和地、全面地喷上大量的水；中午或者晚上花盆土又干了的话，可以再浇水。

等到盆里的土干了再浇水的话，就不用担心烂根的问题了。全部都浇上水还可以预防红蜘蛛。

3. 肥料

春季和秋季各一次，将有机肥料放在花盆边上。

　　油渣等固体的有机肥料，春季和秋季各施一次即可，按照规定分量放在花盆边缘。如果使用已经发酵过的肥料，立刻就能见效。使用缓释肥料的时候，注意要比规定用量稍微少一点。

肥料要均等地放在花盆边缘处。2个月左右后肥料养分被吸收掉就可以拿走了。如果铺有苔藓，放置肥料的那一部分要去掉。

4. 修剪

勤加修剪，使枝条长势一致。

枝叶互相交叠的时候，造型就乱了，就需要进行修剪，以保持美丽的树形。修剪之后，通风和光照效果会更好，也能预防疾病和虫害。

修剪前
到了春天，新长出来的枝条或叶子打乱了树形。

修剪后
将长势过猛的枝叶剪短，使长势更加平均、树形更加柔和。

◎ 修剪的技巧（适合时期：6月、11~12月）

1
向一个方向长势太强的枝条，将其第一节树叶之上的部分全部剪掉。

2
向上生长的打乱了树形的小枝条需从头剪掉。

3
当年长出的新芽，和步骤1一样，将第一节树叶之上的部分全部剪掉。

◎ 认清忌枝

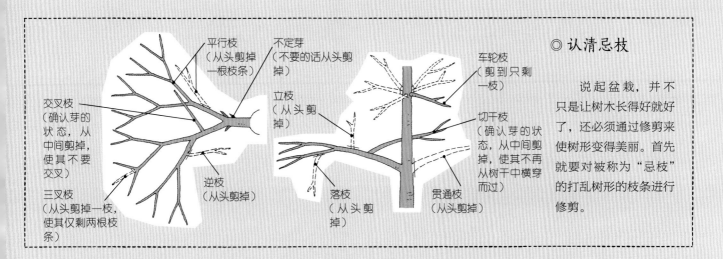

平行枝（从头剪掉一根枝条）

不定芽（不要的话从头剪掉）

车轮枝（剪到只剩一枝）

交叉枝（确认芽的状态，从中间剪掉，使其不要交叉）

立枝（从头剪掉）

切干枝（确认芽的状态，从中间剪掉，使其不再从树干中横穿而过）

三叉枝（从头剪掉一枝，使其仅剩两根枝条）

逆枝（从头剪掉）

落枝（从头剪掉）

贯通枝（从头剪掉）

说起盆栽，并不只是让树木长得好就好了，还必须通过修剪来使树形变得美丽。首先就要对被称为"忌枝"的打乱树形的枝条进行修剪。

5. 移植

每两年移植一次，根、土壤和花盆都可以更新。

在小花盆里一连养好几年的话，根部就会盘结导致植物衰弱。所以最好两年一次，在春季的时候进行移植。落叶乔木在冬季休眠时也可以进行移植。

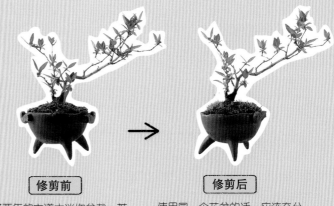

修剪前

种了两年的六道木迷你盆栽。苔藓大部分损毁了。

修剪后

使用同一个花盆的话，应该充分洗净。苔藓也可以换上新的。

◎移植的技巧（适合时期：3月下旬~4月末）

1

剪断固定根部的铝线，将植物从花盆里拔出。如果拔起来很困难，可以用拳头轻轻敲击花盆边缘。

2

从花盆里拔出来的样子。根部已经盘结，根部土块也硬邦邦的，成了花盆的形状。

3

将根部土块上面、底面、侧面的土剥落，剪短根部，换上新的土种上。

4

用手将土的表面抚平，使植物脚下的土堆得更高些，浇大量水后铺上新的苔藓。铺苔藓的方式请参照第 72~73 页。

扦插

增加苔藓球和盆栽的方法

只要把插穗的大叶子剪掉一半，就能控制叶片水分的蒸发。

梅雨期间比较适合作业，扦插枝条的特征是枝条从根部开始直立生长。

用剪下来的枝条做扦插吧。

用弗吉尼亚鼠刺的枝条做的混栽苔藓球。因为弗吉尼亚鼠刺很容易生根，所以推荐用来做扦插。

◎ **准备材料**
· 修剪枝（图片中是弗吉尼亚鼠刺）
· 扦插用土（按照极小粒赤玉土 1 份、小粒鹿沼土 1 份的比例搭配的混合土）
· 2.5 号塑料花盆
· 花盆底网（和盆栽数量相同）
· 竹筷
· 土铲
· 剪刀
· 刀具
· 玻璃杯

1

将剪下来的枝条切分成数节，做成插穗。

2

用刀将切口削成楔形。

3

在水里泡 30 分钟至 1 小时。这期间在花盆的孔上盖上花盆底网，装上混合土，再用水打湿。

4

用筷子在土里挖一个洞，插进去一棵插穗，用手压实根部的土。

将其放置在明亮的背阴处，避开强风养护。当新芽长势不错的时候再移至日光下，每周施一次液体肥料。等3~5 年后长大了就可以用来制作苔藓球或盆栽了。

播种①

从种子开始养大的实生苗，其树干下部的线条比扦插的更柔和、树干更细，所以对混栽来说是上佳之选。一次就能聚集起大量的苗木也是其魅力所在。如果是白果，秋季收获的白果即可立刻播种，当然也可以一直保存到春天，在3月下旬至4月中旬时再播种。

对初学者来说也很简单

从种子开始养大的树木

枹栎

白棠子树

火棘

松树类

枫树类

用实生苗培育的白果迷你盆栽。可用铁丝辅助或修剪的方式做出喜欢的树形。

◎ 准备材料

·种子（图片中是白果）
·播种用土（按照细赤玉土1份、细鹿沼土1份的比例搭配的混合土）
·盆底石（小粒鹿沼土）
·2.5号塑料花盆
·花盆底网（和花盆数量相同）
·土铲
·剪刀

1

在塑料花盆的孔上覆盖花盆底网，薄薄地铺上盆底石，再将播种用土倒入至花盆边缘下方1cm处。浇水打湿土壤。

2

将白果突出的部分用剪刀剪掉，这样更容易吸水，也更容易发芽。

3

将1粒白果放入花盆里，用土覆盖至看不到白果即可。

4

浇水后即作业完成。如果播种的是比较细小的种子，为防止浇水时种子浮上来，要把水浇在花盆下面的盘子里，使其从下面吸水。

图片中是两年生的白果实生苗。枝干纤细笔直，推荐用来做混栽盆栽。

播种②

播下一颗羽衣甘蓝的种子，就会长出非常茁壮的苗木，但如果可以缩小间隔种下多粒种子（密植），就能一定程度上抑制生长，使其植株娇小可爱。

反复进行短截操作，就能制作出『跳舞的羽衣甘蓝』，享受到栽培的乐趣。

✿ 对初学者来说也很简单

适合多粒密植的植物

青葙（野鸡冠花）

荞麦

春蓼类

松树类

日本芜菁

多粒密植，一年半后形成的羽衣甘蓝苔藓球。拥有和花坛里的羽衣甘蓝完全不同的可爱姿态。

这就是跳舞的羽衣甘蓝！

反复进行短截操作，就能形成如跳舞般绽开的"跳舞的羽衣甘蓝"。

◎ 准备材料
· 种子（羽衣甘蓝等）
· 用土（极小粒赤玉土，播种用土或扦插用土也可以）
· 盆底石（中粒赤玉土等）
· 小盆栽花盆
· 花盆底网
· 土铲

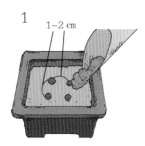

1

1~2 cm

计划种出小型植物的播种作业适合在9月中旬至下旬进行。每隔1~2cm播下一粒种子，然后用土覆盖至看不到种子即可。之后放在明亮的屋檐下并保持湿润。

2

每周一次液体肥料

大约两周后，长出叶子后移至向阳处，每周施用一次液体肥料，一直到10月中旬。如果种在盆栽花盆里，就可以直接观赏其成长过程了。

3

过年时，尽量不要拆开根部土块，直接制作成苔藓球。将其放置在室外，低温下叶子反而能现出漂亮的颜色。如果不制作成苔藓球，就这样当作盆栽也可以。

春季赏花之后剪短，就会长出新的嫩芽，变成"跳舞的羽衣甘蓝"。

盆栽的工具和材料

因为是刚开始制作迷你盆栽，所以并不需要什么特别的工具或材料。只要集齐了以下介绍的8种工具和材料，立刻就能开始制作迷你盆栽了！

土铲
根据花盆的大小来选择使用。也可以剪开饮料瓶自制一个。

洒水壶
莲蓬头上的孔要尽量小一点，最好是能够将水温和地洒上去的类型。

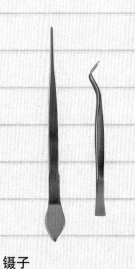

镊子
带抹刀的镊子（左）适合盆栽用。前端弯曲的医用镊子（右）便于拆解根部土块。

筷子
拨弄根部或在根部空隙内填土的时候使用。推荐使用坚固不易折断的竹筷。

万能剪刀
剪根、修枝、剪断金属丝这三个功能一肩挑，推荐作为初学者的第一把剪刀。

筛子
去除微尘、整理土壤颗粒大小的必备品。根据使用情况分大、中、小三个型号。

铝线
直径1mm、1.2mm、1.5mm、2mm等型号都应备齐。推荐使用不太显眼的黄铜色。

花盆底网
按照花盆底孔大小进行搭配，用剪刀剪裁。

迷你盆栽的花盆

那么，什么样的花盆适合种什么样的植物呢？

拥有足够漂亮的花盆，才能倍感盆栽的乐趣。

带有泥土温度的花盆

没有上釉烧制出来的花盆有一股质朴的味道，非常适合搭配松树或山野草。由于它透气性很好，对植物来说也是不错的选择。

时尚的方形花盆

一部分留白，剩下全部是黑色的锐利姿态，适合搭配叶片较少、线条美丽的树木。

质朴的手捏花盆

利用陶土的色差手工捏制的自然风光花盆，适合富有生命力的盆栽或野草等。

切角长方花盆

切掉四角、带有明亮泥土颜色的花盆，非常适合历经沧桑的粗壮老树的树形。

方形红色陶土花盆

虽然素烧但却带有红色，希望给松柏类植物增加华丽气质的时候可以使用。

姿态端正的美丽花盆

通过拉坯形成的干练端正的花盆，适合种植树木或姿态端正的植物。

炭黑色素烧花盆

将3株鱼鳞云杉种成一列，打造出树林的风景。浇水后花盆会变得更黑更有风味。（C）

激发创造欲的扁花盆

9cm×26cm×3cm 的长方形扁花盆。好想种上许多树形成混栽。

带沿长方花盆

沉稳带有厚重感的造型和颜色，适合搭配黑松等刚劲有力的松柏类植物。

◉ 多彩的花盆

加上釉彩后烧制出的带有美丽颜色的花盆，只是看看就会有好心情。植物与花盆的搭配，更见制作者的功力。

凉爽的青绿色花盆

拥有鲜明轮廓的圆形花盆，非常适合线条简洁的草类或树木。

质朴感强的淡茶色花盆

大地色的釉料无论搭配什么植物都合适，但是植物的存在感千万不要输给花盆本身。

鲜艳的条纹花盆

虽然只是简单造型的球形花盆，但手绘的条纹却酝酿出了温暖的气氛。好想种上杂木类植物。

茶杯状的花盆

色泽有浓有淡，就算搭配格外鲜嫩的绿色也能驾驭。瘦长的造型适合枝叶下垂生长的树木。

适合搭配植物的深绿色花盆

长椭圆形的扁花盆，最适合混栽或枝条茂密的植物，能够展现出广阔的景色。

中规中矩的蓝色花盆

拥有十分亮眼的蓝色，为了不喧宾夺主，应该考虑组合搭配出花与叶的颜色有一定对比的植物。

◎ 花盆底部也要检查！

盆栽的花盆底部一定要有孔。另外，如果花盆底是平的，用铝线固定的时候花盆底就会不平稳，排水也会受影响，所以选择有花盆底足和排水槽的花盆比较好。

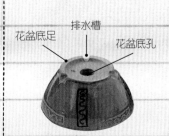

花盆底足　排水槽　花盆底孔

清爽的青瓷盆

有清凉感的淡绿色花盆，种上矮小天仙果实生苗，就构成了让人感觉到"风"的夏季逸品。

用朱红色花朵装饰的花盆

手绘青花的花盆上，用朱红色描绘的花朵让人印象深刻。适合种植草类。

盆栽的花盆有许多变换形状和素材的品种。如果是爱好陶艺的人，也可以试着使用自制的花盆。

◉ 异形花盆

平行四边形花盆

江户时代制造的菱形染色花盆。适合搭配造型自然的杂木类和草本类。

中规中矩的六角形

六角形的花盆适合搭配线条简洁明快的植物。由于有棱有角，比球形花盆多了几分生硬印象。

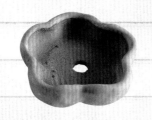

梅花形的花盆

选用这种特殊形状的花盆，为了种上植物之后也可以继续欣赏其造型，应选择植物下半截没有枝叶的品种。

金属制三足花盆

非常有存在感的一款花盆，适合种植松树、木贼、红果等坚韧的植物。把双足的那一侧摆到正面会很好玩。（C）

云朵状素烧花盆

形态柔和沉稳的花盆，从草类到其他植物都能接纳。（C）

浮岩花盆

浮岩的透气性、保水性都很好，加工起来也简单。如图这样种上桦树，仿佛将风景画切下一角似的。

让人玩心大起的花盆

形状好像"UFO"的手作花盆。实生木在里面种植多年，就会与花盆融为一体，非常有趣。

花盆的正面与反面

　　盆栽有正（表）面与反面之分，花盆里种上植物的时候，要看清植物和花盆的正面，让两者都展示正面是很重要的。如果是三足花盆，一般来说是将一足当作正面来用。三足的香炉或花器也是同样的用法。

（C）隆龙，（C）以外请参照第 126~127 页。

野外观察苔藓入门

秋山弘之

将视线转向那些不太常见的物种吧

观察苔藓，和观花及树木还是有些不同点需要注意的。首先，就是目光聚焦的位置。一般来说，我们会注意到比地面稍高的位置。但是这样的话，个头很矮的苔藓就会被忽略掉了。留意一下地面和石墙的表面、排水沟的边缘和公园的树木等位置，若有这样的地方，请认真找找看。甚至有的时候要屈膝蹲下，让眼睛和地面足够接近才能发现苔藓。为此，最好穿一条耐脏的裤子。但是，如果在市区里以这样的姿态出现恐怕会很奇怪，最好还是去稍微远一些的郊外吧。

接下来要注意的就是：对于人眼来说苔藓稍微有点小，这个时候放大镜就非常有用了。放大镜当然有价格十分昂贵的，不过花几百日元买一个便宜的也一样能用。尽量买10倍以上倍率的放大镜。用挂绳挂在脖子上的话，可以避免不知道什么时候把它丢了。可以说，一个放大镜在手，就连细节都能观察得很清楚，它简直是随身携带的必备品。不仅仅是群落整体的形态，就连一枚小小的叶子也拥有苔藓的美感。这就需要人带着一颗仔细、踏实的心去观察。

如果有可以随身携带的图鉴，不妨对照着图片来查找苔藓的名称。但是，也不要过分拘泥于名称，毕竟和苔藓长期相处才是最重要的。慢慢熟悉它们之后，就会发现之前看起来只是一片绿色，其中竟生长着许许多多不同种类的苔藓。到了那时，你距离"苔藓博士"就只差一步了。

相机。看到了稀有苔藓的话，就拍摄记录下来吧。

放大镜。为观察苔藓细节的必需品。

图鉴。推荐那种可以随身携带的口袋大小的版本。

了解苔藓

人们所说的苔藓其实包含了许多种类。

这里就介绍一下苔藓的生态，越了解就会越觉得有趣。

秋山弘之（ P.90~101 ）

苔藓到底是怎样的植物？

苔藓和其他的植物在特征上有一些差别。若想养好苔藓，好好了解这些差别是非常重要的。

分布在世界各地的苔藓

苔藓是植物界的一门，在分类学中苔藓植物门也被称为苔藓类。苔藓植物门包括苔纲、藓纲、角苔纲。苔藓庭园中常用的金发藓，园艺材料中常用的水苔类，还有制作苔藓球常用的素材大灰藓等都属于藓纲，这藓纲和我们真是有很深的渊源啊。像蛇苔和地钱等就属于苔纲。还有肉眼很难看到的角苔纲，几乎没有被人类利用过。

从海岸到高山，从热带雨林到寒冷的极地，从淡水池塘到河流、湖泊……在海水之外的世界各地都能看到苔藓。世界上大约有 2 万种苔藓，日本已知的苔藓在 1700 种以上，比蕨类植物还要多。

为什么苔藓看起来就好像突然长出来一样？

不依靠种子而是用孢子繁殖，这一点苔藓和蕨类植物很像。蒴柄前端名为蒴（孢子囊）的"小口袋"中有许多孢子，孢子成熟后随风飘散至很远的地方。到达适宜环境的孢子，开始发芽成丝状结构，长成绿色的原丝体。原丝体不断进行分枝，就在地面上越铺越广了。这时地面上的土看起来会是绿色的。原丝体会生出许多芽，苔藓本体会随着这些芽的成长一起展开，所以看起来就像突然出现了苔藓群落一般让人惊诧。

◎ 苔藓繁殖的方式（以葫芦藓为例）

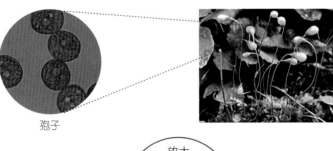

孢子

1
受精后的胚胎长成了孢子。前端的蒴中有许多孢子生长出来。孢子的个头非常小，所以可以乘着风飘到很远的地方。

放大

幼芽

假根

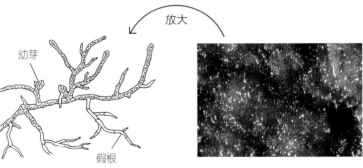

2
落在条件适宜的地方，孢子发芽后形成原丝体。原丝体会不断分化，在地面上逐渐扩展开来。

没有根的原始植物

苔藓和蕨类植物，以及裸子植物和被子植物，这些生活在陆地上的植物，其共同的祖先被认为是一生生活在水中的藻类植物。并且，为了能够生存在比水体干燥得多的陆地上，它们在进化过程中逐渐获得了能从地面上吸水并输送至本体的重要结构——根和维管束。

仔细看苔藓本体的话，茎与叶是十分分明的，但却并没有根部。能够生根是从蕨类植物那一阶段开始的。苔藓继承了它在水中生活的祖先的许多特征，它是最原始的陆生植物。苔藓的叶片是排列着的一层细胞形成的薄薄的膜，没有根部但是植物全身表面都可以吸收水分。为了能够固定于地面上，苔藓上有毛发状的细细的"假根"。

苔藓的集体生活

比苔藓进化更完善的植物不仅拥有作为水和养分输送通道的维管束，还拥有坚硬的芯部为植物体提供充分的支撑。草类和树木能直立于地面，要多亏了维管束。

然而，苔藓不仅没有根，也没有维管束。于是，大多数种类的苔藓都会聚在一起形成群落，依靠彼此的茎部来支撑自己不至倒下。另外，苔藓自身没有储水的器官。但因为它们有密集的群落，也保证了茎和茎之间有一定的空隙，使重要的水分尽可能长时间地"锁"在里面。这些空隙还可以留住风吹过来的细沙，再将它们转化为土壤。由此可见，苔藓的群落中有着许许多多的奥秘。

另外，苔藓群落也是缓步动物和草食性蜱螨、线形动物等无害的小动物重要的栖身之所，它们创造了一个微小的生态系统。

◎ 苔藓（藓纲）的构造

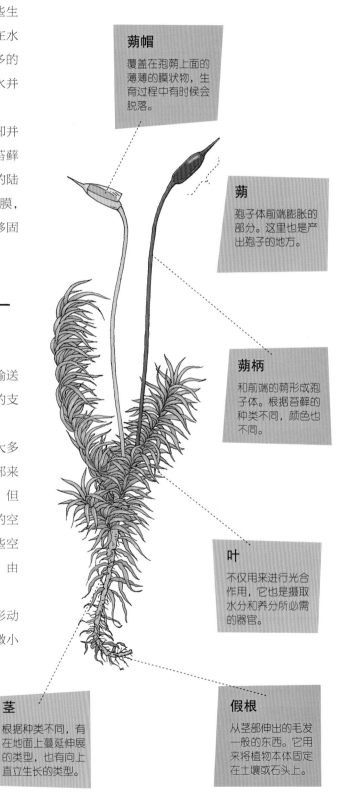

蒴帽
覆盖在孢蒴上面的薄薄的膜状物，生育过程中有时候会脱落。

蒴
孢子体前端膨胀的部分。这里也是产出孢子的地方。

蒴柄
和前端的蒴形成孢子体。根据苔藓的种类不同，颜色也不同。

叶
不仅用来进行光合作用，它也是摄取水分和养分所必需的器官。

茎
根据种类不同，有在地面上蔓延伸展的类型，也有向上直立生长的类型。

假根
从茎部伸出的毛发一般的东西。它用来将植物本体固定在土壤或石头上。

苔藓喜欢光照较好的环境吗？

郁郁葱葱的丛林深处，一滴水从苔藓的群落中落下。虽然这样黑暗潮湿的环境经常被认为才是苔藓的地盘，但实际上大多数苔藓喜欢光照良好的环境。因为苔藓也是植物的同类，生存必需的养分还是要依靠光合作用制造。如果在家周围观察一下，就会发现公园的草地和水泥墙、石墙等阳光直射的地方都长有很多苔藓。所以把心爱的苔藓球放在室内的话也会变成茶色哦，因为其中使用的大灰藓非常喜欢强烈的日照，而室内的光线比我们想象的还要暗一些。

道路旁向阳处长出的真藓，不畏直射日光旺盛地生长。

就算干枯也死不了？

苔藓的叶片并没有什么在干燥时保护自己的手段。因此，一旦周围的空气变干燥了，叶和茎就会立刻干燥萎缩。其实它们这样只是在休眠而不是枯萎了。用喷瓶等给它浇些水，它的整个身体表面都会开始吸水，萎缩的叶片也能令人感动地恢复原样。这就是低等植物在干燥环境下生存的共性——"变水性"。只要些许朝露就能在石头上生存许多年的苔藓，也是多亏了这个特性。

顺便提一下，虽然给苔藓浇水十分重要，但是要避免在夏季的正午浇水，因为储存在苔藓内的水会被加热并蒸发。所以建议早上浇水。

干燥后叶子萎缩的芽胞湿地藓（左），浇水之后立刻恢复美丽的姿态（右）。

一年四季都能品味绿色

除了田埂上生长的苔藓之外，几乎所有苔藓都是多年生的常绿植物。所以苔藓不存在冬季干枯的时期，可以一年四季赏玩。这也是苔藓庭园和盆栽使用苔藓的理由之一吧。

树叶纷纷落下的晚秋至枝干光秃秃的早春，因为阳光能够充分照射下来，所以是适合个头矮小的苔藓生长的时期。但这个时期气温很低，苔藓生长的速度很缓慢。苔藓萌发新芽的时候，应该是从气温稍微缓和一点的早春树木新叶长出之前，苔藓用新生的嫩叶进行光合作用。

新生的叶子不会一年就枯萎，数年内它都会保持绿色。随着时光推移，老叶的绿色越发浓郁，和新叶的浅绿色形成对比，真是好看极了。

- -

◎ 如果长出地钱或蛇苔

地钱或蛇苔、小蛇苔等叶状体，或是生长在草地中的真藓等，因为看起来不太美观，所以并不讨人喜欢。虽然无论如何对其他的植物也不会产生什么直接伤害，但恐怕还是会有很多人对这种旺盛的繁殖能力感到头痛。

因为不像杂草一样根部长得很深，所以花盆里长了苔藓的话，只要勤快一点用手摘掉即可。虽然稍微有点麻烦，但这确实是最安全的方法。

像庭院等有面积非常大的苔藓的时候，基本也是要靠手来摘掉。但是，地钱及其同类会生出许多小的无性芽，这种无性芽会散落在周围的地面上并且隐藏起来。地钱不管摘了多少次还会再生就是这个原因。要连续数年坚持摘除无性芽，它们才会真的不再生长，所以要做好长期战斗的准备。

也有其他办法，只是不太适合讨厌酸味的人，那就是用刷子蘸醋涂抹地钱。另外，洒一些市场上销售的除草剂（如住友园艺的微粒除草剂等）也会有效果。

地钱扁平叶子表面的浅盘状物中，有许多的无性芽。

身边就能看到的

苔藓

图鉴

除介绍园艺中经常使用的苔藓外，日常生活中常见的苔藓的特征也一并介绍。

金发藓
Polytrichum commune Hedw.

◉ 藓纲金发藓科

京都市内的苔藓庭园里以"杉苔"为名种植的，几乎都是这种苔藓。它会在野外的湿地等明亮湿润的地方形成大范围群落。20cm以上较长的茎部会有倾倒的可能。它还有能让底下的许多细细的假根更加集中的假根束，在这里长出的嫩芽会长出新的茎。孢子囊上戴着一个毛茸茸的"帽子"。

东亚砂藓
Racomitrium japonicum
(Dozy & Molk.) Dozy & Molk.

◉ 藓纲紫萼藓科

从低地到高原，只要是日照良好的土壤，都能看到它形成密集的群落生长。在植物间隙、公园的草地、居家附近也非常常见。茎部长度大约为3cm。叶子尖端大多带有透明的刺。潮湿的时候叶片会张得很大，淡淡的绿色非常美丽。因为能长时间耐受干旱环境，除了苔藓园艺之外，也被广泛应用于屋顶绿化。

真藓
Bryum argenteum Hedw.

◉ 藓纲真藓科

苔藓中分布地域最广的一种，从低地到高山带，从热带到南极大陆，任何地区都能生长。在人类居住范围内也非常常见，排水沟旁边或是桥的栏杆基座等有泥土的地方都会有真藓群落。茎部长度在1cm以下，特征是小小的白绿色的模样，干燥之后就会变成能够反射日光的银白色。经常在盆栽中使用。

东亚万年藓
Climacium japonicum Lindb.

◉ 藓纲万年藓科

日文名称意为"高野万年草"，被称为"草"，是因为它是日本产的苔藓中最大的一种。直立的茎部高5~10cm，上部呈树枝状分叉。地下茎非常发达，群落也很广阔。它和万年藓很像，在湿地数量较多时难以区分。它们都不耐寒，因此并不推荐在苔藓庭园中使用，但因其枝叶很漂亮，所以多用于盆栽中。富士万年藓的枝叶较为密集，生长在海拔较高处。

东亚小金发藓
Pogonatum inflexum (Lindb.) Sande Lac.

◉ 藓纲金发藓科

它们在田埂边或道路边缘、公园的草丛里等光照良好的土壤里群生。茎部的高度为1~5cm，不会像金发藓那样长大。深绿色的叶子前端呈短刺状，干燥后会稍微萎缩一些。个头低矮、茎部密集的姿态非常漂亮，在苔藓庭园和盆栽中经常被使用。雄株的话，茎部前端会分化出名为雄花盘的杯状物，独特的形状看起来非常有趣。

圆叶裸蒴苔（圆叶美苔）

Haplomitrium mnioides (Lindb.) R.M. Schuster

⊙ 苔纲裸蒴苔科

生活在温暖湿润的沼泽边的土壤中，拥有高度为 2~3cm 的绿色肉质茎。地下茎向下匍匐伸展，在鹿儿岛县屋久岛各地都有较大的群落。茎部有三排叶子，背部的那一排偏小一些。雄株在茎的前端集中的造精器呈花盘状。美丽的姿态使它得到了"小野小町"（译者注：小野小町是日本平安初期的女诗人，绝代美女）这个可爱的日本名字。

梨蒴珠藓

Bartramia pomiformis Hedw.

⊙ 藓纲珠藓科

在山地的土壤上成块生长，特别钟爱斜坡；在潮湿的沼泽边缘也会形成半球形的群落。因为比其他苔藓的绿色浅，所以非常显眼。茎部长 5~10cm，叶片细长，干燥后会萎缩。早春时较长的柄的前端会长出淡绿色的球形孢子囊，那娇嫩的珍珠般的姿态非常可爱。苔藓盆栽中经常使用。

疣灯藓

Trachycystis microphylla (Dozy & Molk.) Lindb.

⊙ 藓纲提灯藓科

在各地半日照处的土壤中群生。长 2~3cm 的茎部前端分叉后变成更细的枝条。干燥的话，叶片会剧烈萎缩，高度较低，颜色也比较朴实，虽说常在苔藓庭园周围见到，但大多是自然生长的。早春时树木叶子长出来之前，它那深绿色的群落中已经伸出了嫩绿的新芽，观赏这"苔藓的新绿"也是一种乐趣。

大灰藓

Hypnum plumaeforme Wilson

⊙ 藓纲灰藓科

庭院、公园、河堤、田埂……只要光线明亮的地方它都喜欢。茎部长度可以超过 10cm，特征是密集生长在茎上的叶子会卷得非常厉害，呈镰刀状。它是制作苔藓球最常用的材料，如果室内光线不足，它很快就会变色，这一点请一定注意。成长迅速，很快就能在土地上铺开一大片，但缺点是容易被剥落。

短肋羽藓

Thuidium kanedae Sakurai

⊙ 藓纲羽藓科

从较低的山地到亚高山带，在干燥的岩石和土壤上散布着短肋羽藓群落。长长延伸的茎部分出细细的三回羽状叶片。虽然潮湿的状态下姿态极为美丽，但是一旦干燥之后就干瘪了，所以在苔藓庭园和盆栽中都不怎么用它。沼泽等潮湿的地方，还可以看到它的近亲大羽藓。

桧叶白发藓

Leucobryum juniperoideum
(Brid.) Muell. Hal.

⊙ 藓纲白发藓科

常见于各地的杉树林，在树干的下部组成略显白色的群落。茎部高 2~3cm。因群落密集、颜色独特，在苔藓庭园和盆栽中都非常常用。园艺商店出售的时候经常被称作"山苔"。由于它的外形与日本西南部较多的粗叶白发藓很像，所以难以区分。

角齿藓

Ceratodon purpureus (Hedw.) Brid.

⊙ 藓纲牛毛藓科

群生在庭院和公园的土壤中，有时也会生长在石板或稻草屋顶等明亮的地方。茎部是绿色的，长度为 0.5~1cm，比较低矮不显眼，但早春一起伸出紫红－黄褐色的蒴柄时就非常醒目。日文名称意为"屋顶红藓"，也是源自其在屋顶上群生的样子。蒴柄前端长出的孢子囊微微倾斜着，一旦干燥就会出现深深的纵向褶皱。

芽胞湿地藓

Hyophila propagulifera
Broth.

⊙ 藓纲丛藓科

居家附近或低地的水泥墙、石墙、排水沟等地，都能看到它那略带茶色的群落。有时候也会在山间隧道的出入口等处的侧面墙壁长有密集的群落。茎部长度在1cm 以下。宽宽的叶子如果干燥，叶子两侧就会卷起来，所以日文中也会叫它"卷叶藓"。一湿润，干燥的叶子就会快速展开变回绿色，这几乎是所有在干燥地带生长的苔藓的共性。

大凤尾藓

Fissidens nobilis Griff.

⊙ 藓纲凤尾藓科

日本原产的凤尾藓属中已知的有42 种，其中大凤尾藓的植物体较大，有 5~9cm 长。喜爱生长在山间的溪流沿岸等黑暗潮湿的地方。特征是茎部两边有相对并排列的叶子，日文名称意为"凤凰苔"，就是因为这部分很像传说中凤凰的尾部羽毛。叶子的边缘变厚，形成了镶边的效果，叶基分成两片包住茎部。

大桧藓

Pyrrhobryum dozyanum (Sande Lac.)
Manuel

⊙ 藓纲桧藓科

长 5~10cm 的茎上长满了细密的叶子，如同动物的尾巴一般渐渐变细。它经常在野外树林的腐殖土上形成半球形的群落。因为姿态都很美丽，所以金发藓、大桧藓经常一起在苔藓庭园中使用。茎的下部被红褐色的假根密密麻麻地覆盖着，因而别名"鼬鼠的尾巴"。它的近亲刺叶桧藓要小得多。

地钱
Marchantia polymorpha L.

⊛ 苔纲地钱科

在居家附近的土壤中会形成较大的群落。虽说在理科教科书中总被提到，但实际上它的近亲粗裂地钱更常见一点。地钱叶状体的背面是绿色，粗裂地钱的背面是紫色，很容易区分。叶状体背面的杯状器官里有大量的无性芽，可以繁殖出许多地钱。

日本曲柄藓
Campylopus japonicus Broth.

⊛ 藓纲曲柄藓科

从低地到高地，沿着林荫路的墙壁或地面干燥的向阳处，都能看到密集的群落。绿色的茎部高 2~6cm，茎基是黑褐色的假根。叶子干燥的话就会萎缩，如果碰触叶子，会感觉到稍微有点硬。叶子前端经常变成透明的短刺状，在苔藓庭园里经常使用。

蛇苔
Conocephalum conicum (L.)
Dumort.

⊛ 苔纲蛇苔科

日本各地沼泽边的潮湿土壤和岩石上都有。离开沼泽等地方也可以生长，但是这样的话植物体多会带一些紫色。有时叶宽 2cm 的表面会出现蛇纹，背面有透明的密生假根，可以使其固定在岩石或泥土上。具有独特的臭味，是苔纲植物中最常见的一种。

看起来像苔藓却不是苔藓的植物

因为看起来很相似，藻类、地衣类植物等经常会和苔藓搞混，比如将湿润的石墙或杉树的树干染成橘色的橘色藻，在光照强烈的地面上生长很多的柔软的暗绿色的、一旦干燥就和干燥的海带很像的地木耳，以及生长在梅树上面的大叶梅，等等。另外，名字里有"苔藓""moss"的，不一定就是苔藓。请一定要注意。

橘色藻（藻类）

地木耳（蓝藻）

大叶梅（地衣类）

圆叶茅膏菜（食虫植物）

漫步

苔藓庭园

被绿色的苔藓包围着的富足。

平时一直用来

制作苔藓球或迷你盆栽的苔藓

在这里随处可见。

能够让心灵栖息的风景，

就在那里等待着你。

三千院门迹

推荐在雨后的第二天出行！

　　苔藓庭园什么时间去都不错，但是淡绿色辉映的早春到梅雨时节，特别是雨后的第二天才是最佳时机。下雨天当天的话，外出的人很少，所以可以更平心静气地观赏，还可以眺望雨后苔藓那娇嫩的绝美姿态。观赏红叶的时节，苔藓会和红色、黄色的落叶形成鲜明对比，十分好看。

　　若一直都是晴天，无论什么样的苔藓，水汽都会被蒸发掉，样子也变得很难看，所以盛夏时期尽量不要去了。苔藓庭园里经常使用的苔藓大多是桧叶白发藓和金发藓，还有大桧藓这样比较大型、容易分辨的种类。所以，在出发之前搞清楚什么样的苔藓在什么样的地方使用，会为观赏苔藓庭园增添更多乐趣。

- - - - - - - - - - - - - - - - - -

◎把自家的院子打造成"苔藓庭园"

　　就算是市区街道，空气里也漂浮着无数小小的苔藓孢子。这里就来介绍一下如何将这些孢子"召唤"至自家的院子里。顺利的话，东亚砂藓、大灰藓、东亚小金发藓、仙鹤藓等苔藓都有可能在自己家中长起来。

　　方法很简单。找一块排水比较好的土地或景观石，持续浇水。这样 3 个月左右之后，地面上就会开始有一点点绿色了。接下来继续浇水，慢慢就会有越来越多的芽长出来，苔藓也就养起来了。生了杂草或堆积了落叶的时候，要耐心地用手去掉。

　　比起市场上出售的移植苔藓，自然生长的苔藓更加强壮，所以赏玩时间能更长。你有勇气的话，就来挑战一下试试吧。

养育数年的话，就会成长为图片中这样美丽的苔藓庭园。

日本有名的苔藓庭园

想要好好观赏苔藓的话，就去有苔藓庭园的寺院或者景区吧。

这里就从日本全国各地的苔藓庭园中特别选取 8 个地方来做介绍。

发现了长了苔藓的地藏菩萨！

三千院门迹

京都

漫步在杉树林下广阔的苔藓庭园，即使在盛夏时节也能悠闲地散步。因为山间空气潮湿，所以三千院门迹与市区里寺院中的苔藓庭园很不一样，生长的苔藓种类也很多。苔藓那微妙的色差也很美。还可以找一找长了苔藓的地藏菩萨，更是有趣。

地址：京都府京都市左京区大原来迎院町 540　路线：京都巴士"大原"站下车，徒步 10 分钟。费用：成人 700 日元，初高中生 400 日元，小学生 100 日元　联系方式：075-744-2531　官网：http://www.sanzenin.or.jp/

在别处看不到的时尚苔藓庭园

东福寺方丈庭园

京都

昭和时代代表性的造园家重森三玲在东福寺方丈房间的东南西北各设置了一个苔藓庭园，形成了样式独特的庭院。特别是北园，方形的铺石和金发藓群落组成了市松方格纹样，形成了在别处看不到的时尚苔藓庭园。另外在东福寺内，还有光明院等可以看到美丽苔藓庭园的景点，请一定不要错过。

地址：京都府京都市东山区本町 15 丁目 778　路线：JR 奈良线、京阪本线"东福寺"站下车，徒步 10 分钟。　费用：400 日元（中小学生 300 日元）联系方式：075-561-0087官网：http://www.tofukuji.jp/

因"苔藓寺"而闻名的苔藓参观名胜

西芳寺

京都

因"苔藓寺"而闻名的西芳寺由于有每日参观人数的限制，所以哪个季节去都不会太拥挤，可以充分享受悠闲宁静的苔藓庭园。桧叶白发藓群落在高低起伏的地面扩展开来，仿佛铺上天鹅绒一般。因为西芳寺的位置在山谷深处，所以可以步行欣赏沿途的苔藓。

地址：京都府京都市西京区松尾神谷町 56　路线：京都巴士"苔寺"站下车，徒步约 5 分钟。费用：香油钱 3000 日元　联系方式：075-391-3631　申请方式：参观是预约参观制。用贴好回邮邮票的明信片注明希望参观的日期、人数，以及申请人的住址、姓名，在希望参观日期的 1 周前寄到。申请受理则根据 2 个月前开始预约的顺序受理。

陶瓷也好苔藓也好，一起赏玩

箱根美术馆

神 奈 川

二战后为了在箱根美术馆建造一个庭园，从全国各地收集了苔藓。现在园中存活的都是适应本地气候的种类，是它们造就了今天这美丽的景观。这个以绢藓属苔藓为主体的苔藓庭园在日本也是十分珍贵的，和以金发藓为主的苔藓庭园风格完全不同，因其高度较低，所以大多是倾斜生长的。

地址：神奈川县足柄下郡箱根町强罗 1300　路线：从箱根登山铁路"强罗"站搭乘缆车，到"公园上"站下车，徒步 1 分钟。　费用：成人 900 日元，高中生、大学生 400 日元（初中及以下学生免费）　联系方式：0460-82-2623　官网：http://www.moaart.or.jp/hakone/

日本三大名园之一

兼六园

金 沢

作为北陆名园的兼六园，以"雪吊"（译者注：为防止冬天树木被积雪压坏搭起的架子）闻名的冬季一景而为人所知。在松树等树木的脚下覆盖着一种叫日本曲柄藓的苔藓，与西洋庭园的草地不同，淡而纤细的绿色营造出一种格外独特的景观。院内各处也使用金发藓，在这里可以充分享受苔藓庭园的乐趣。

地址：石川县金泽市兼六町 1-4　路线：从专线巴士"兼六园下"站下车即到。　费用：成人 300 日元，小孩 100 日元　联系方式：076-234-3800　官网：http://www.pref.ishikawa.jp/siro-niwa/kenrokuen

穿过山门，前方就是……

法然院

京 都

从许多人参观的银阁寺开始，沿着水渠向下稍微偏南，就到了这所宁静的寺院。郁郁葱葱的树林中被苔藓覆盖的山门，与明亮澄净的天空形成鲜明对比。穿过山门，就能看到仿佛被用竹扫帚认真打扫整理过的绒毯一般的桧叶白发藓与大桧藓了。

地址：京都府京都市左京区鹿谷御所段町 30　路线：市区巴士"南田町"站下车，徒步 5 分钟；或市区巴士"净土寺"站下车，徒步 10 分钟。　费用：免费（寺内特别开放期间，参观寺内需付费）　联系方式：075-771-2420　官网：http://www.honen-in.jp/

享受在廊下的悠闲时光

曼殊院门迹

京 都

以卧龙松为中心的庭园，到处都种有金发藓，人少的时候可以坐在廊下静静观赏。寺院周围的土墙或石墙上，也能看到醒目的金发藓群落，初夏时凑近的话，还能看到雄株的造精器在茎部前端形成杯子状的模样。

地址：京都府京都市左京区一乘寺竹内町 42　路线：京都巴士"一乘寺清水町"站下车，徒步 20 分钟；叡山电铁修学院站下车，徒步 10 分钟。　费用：成人 600 日元，高中生 500 日元，初中生、小学生 400 日元　联系方式：075-781-5010　官网：http://www.manshuimonzeki.jp/

从茶室窥见苔藓庭园

吉城园

奈 良

苔藓庭园在吉城园景区深处的茶室"罗浮山"的里面。虽然不能进入茶室内部，但与茶室那略显阴暗的房间相对的明亮苔藓庭园，映在窗框中，意境格外深远。秋季的红叶与金发藓的绿色形成鲜明对比，更是让人大饱眼福。另外吉城园附近的依水园也非常值得一去。

地址：奈良县奈良市登大路町 60-1　路线：近铁线"近铁奈良"站下车，徒步 10 分钟；市内循环巴士"县厅东"站下车，徒步 2 分钟。　费用：250 日元（初中及以下学生免费）　联系方式：0742-22-5911　官网：http://www.nara-manabi.com/yoshiki.html

葫芦藓变黄金？！
苔藓的炼金术

编辑部

蕴藏着金子的葫芦藓

从苔藓中也能采出金子？！近期这样一条如梦想般的新闻传遍了世界。但是，幻想着从院子里的苔藓里采出金子，然后就靠着苔藓一夜暴富，事实上可不是这么回事。

可以提取金子的苔藓，指的是藓纲葫芦藓科的葫芦藓。在水泥墙上或花盆里经常看到的这种苔藓，可以在其他植物无法生存的土地或灰烬周围生长，是一种以耐灰尘而闻名的苔藓。

科研人员在用这种葫芦藓进行废水处理试验的过程中，偶然间发现了其叶绿体拥有蓄积黄金的能力，真是"瓢箪成驹、葫芦藓变黄金"（译者注：瓢箪指葫芦，驹指马，此句在日文里的意思是弄假成真，将不可能的事情变为现实）。现在这种黄金回收正在加速商业化。

葫芦藓最令人期待的，是它能够回收工业废液中的微量黄金。苔藓并不像其他的植物一样从根部开始吸水，而是植物本体全身都在吸水。葫芦藓的原丝体细胞接触到那些废液的时候，就会吸收废液中的黄金。经过实验将细胞中的黄金提取出来，可以制成如图片上那样的金块。

苔藓不仅可以回收黄金和铅，还可以绿化屋顶和墙面。苔藓作为环保领域的旗手，被称为当下最值得期待的植物也不为过。它那小小的身体里蕴含着巨大的可能性，各种各样围绕它的研究开发正在持续进行中。

居家附近经常看到的葫芦藓。

从葫芦藓中提取的黄金重制成了金块。

葫芦藓的原丝体细胞。叶绿体蓄积了黄金之后，就从美丽的苔绿色变成了紫色。

协助取材：物理化学研究所、DOWA Ecosystem。

制作苔藓球、迷你盆栽的植物目录

从代表性的树木、花草到别具一格的植物，

希望它们能为你制作苔藓球、迷你盆栽带来一些启迪。

树种类

在盆栽的世界里，一般称呼树木为"树种类"。

松树等常绿针叶乔木就叫作"松柏类"，以落叶树为主的叫作"杂木类"，可以赏花的就是"花木类"，可以观赏果实的就是"果木类"。

※ 月历展示的是适合栽培管理的主要周期。并不是一定要完完全全照着这个月历来操作，可根据生长状态和个人爱好调整。

黑松

代表性的盆栽树种。多植于海岸附近作为防风防沙林，具有较强的耐旱和抗盐特点。因为黑松会从一个部位长出多颗新芽，所以要将最粗壮的那颗新芽在尚未抽生针叶时摘掉，保留大约3颗新芽即可。接下来还要为了配合弱芽生长将顶芽摘去，使树木整体长势平衡。

❶松科松属；❷日本；❸常绿针叶乔木；❹全年；❺向阳处；❻表土干燥时浇透水；❼3月、8月、10月施用固体肥料，或3~4月、8~11月里每两周施用一次液体肥料。

	1	2	3	4	5	6	7	8	9	10	11	12
● 移植			▬	▬					▬	▬		
● 剪枝		▬	▬							▬	▬	
● 摘芽					▬							

五针松

温柔与强劲并存的人气树种。4月下旬对强壮的新芽进行摘芽，使树木整体长势平衡。由于枝叶密集，容易引来蚜虫和罹患煤污病，从8月开始到秋季要剪掉老化枝叶，保持通风良好。

❶松科松属；❷日本；❸常绿针叶乔木；❹全年；❺向阳处；❻表土干燥时浇透水；❼3月中旬、9月中旬施用固体肥料，或3~5月、9~11月里每两周施用一次液体肥料。

	1	2	3	4	5	6	7	8	9	10	11	12
● 移植			▬	▬				▬	▬	▬		
● 剪枝		▬	▬									
● 摘芽				▬	▬							

赤松

别名雌松或红松，针叶纤细柔软，给人以十分温柔的印象。由于是高原或山地的野生树种，耐寒与耐旱力都很强，要注意防止高温季节的闷热和过度潮湿。剪粗枝和摘芽必须在生长状态良好的情况下进行，否则会导致树木衰弱。

❶松科松属；❷日本、朝鲜半岛、中国；❸常绿针叶乔木；❹全年；❺向阳处；❻表土干燥时浇透水；❼3月下旬、9月施用固体肥料，或3~4月、9~11月里每两周施用一次液体肥料。

	1	2	3	4	5	6	7	8	9	10	11	12
● 移植			▬	▬					▬	▬		
● 剪枝			▬	▬								
● 摘芽												

❶科名、属名；❷原产地；❸分类；❹观赏期；❺放置地点；❻浇水；❼施肥

日本柳杉

树干呈直线型伸展，是自然界中能够耐住长年风霜雨雪的树种。制作苔藓球和迷你盆栽的时候，适合选用枝叶生长密集的具有八房性的植物。不要的树枝和新芽一点点用指尖摘下来，如果看到树干上冒出了气根，也要将它除去。

❶杉科柳杉属；❷日本；❸常绿针叶乔木；❹全年；❺向阳处；❻喜水，表土干燥时从顶部开始大量浇水；❼3月、5月、7月、9月施用固体肥料，或3~10月里每两周施用一次液体肥料。

	1	2	3	4	5	6	7	8	9	10	11	12
● 移植				▬▬▬					▬▬			
● 剪枝				▬▬▬▬▬					▬▬▬▬			
● 摘芽				▬▬▬▬▬								

日本花柏

日本花柏是庭院绿植的常用树种。独特的青绿色细针叶极富魅力。由于枝叶又细又密，很容易通风不良，所以要对枝叶密集的部分进行修剪，让阳光和风能够穿过。整形的时候使用剪子剪掉粗枝，新芽的尖端部分则用指尖一点点摘掉。

❶柏科扁柏属；❷日本；❸常绿针叶乔木；❹全年；❺向阳处；❻表土干燥时浇透水；❼3月下旬、9月中旬施用固体肥料，或3~4月、9~11月里每两周施用一次液体肥料。

	1	2	3	4	5	6	7	8	9	10	11	12
● 移植		▬▬▬							▬▬▬			
● 剪枝		▬▬▬							▬▬			
● 摘芽			▬▬▬▬▬▬▬▬▬▬▬▬									

日本扁柏

有树干笔直的，也有树干造型奇特的，各种各样的树形可以让人赏玩个够。枝叶的密度根据个体不同有明显差异，在制作迷你盆栽时比较适合选用叶片细小又茂盛的品种。5~10月新叶长出来的时候，用指尖摘掉。枝叶太过茂盛的话，秋天的时候对长得过密的部分进行剪枝。

❶柏科扁柏属；❷日本；❸常绿针叶乔木；❹全年；❺向阳处；❻喜水，表土干燥时从顶部开始大量浇水；❼3月、5月、7月、9月施用固体肥料，或3~10月里每两周施用一次液体肥料。

	1	2	3	4	5	6	7	8	9	10	11	12
● 移植			▬▬▬▬									
● 剪枝		▬▬								▬▬▬		
● 摘芽				▬▬▬▬▬▬▬▬▬▬▬▬								

真柏

树枝或树干的一部分干枯后，里面仍残留着白色芯材（如神枝、舍利）。自然的曲折蜿蜒生长代表着那个荒蛮的时代，因而备受欢迎。由于粗壮的新芽长出后周围的细枝就会枯萎，所以在5~10月里新芽抽出5mm左右长时，要用指尖细心摘掉。

❶柏科圆柏属；❷日本；❸常绿针叶乔木；❹全年；❺向阳处；❻喜水，表土干燥时从顶部开始大量浇水；❼4月、9月施用固体肥料，或3~5月、9~10月里每两周施用一次液体肥料。

	1	2	3	4	5	6	7	8	9	10	11	12
● 移植		▬▬▬							▬▬			
● 剪枝			▬▬▬▬						▬▬▬			
● 摘芽												

野茉莉

初夏时节，树荫下盛开的秀丽的纯白花朵，加上淡绿色的果实，可爱极了。这凉爽的模样真是夏日里不可或缺的一道风景线。野茉莉喜水，缺水的话将会导致植物枯死，特别是冬季必须要注意不能缺水。花期过后新芽长出来的话，要进行剪枝整形。

❶安息香科安息香属；❷日本、朝鲜半岛、中国；❸落叶小乔木；❹全年（花期：5~6月）；❺向阳处，暑期要避免阳光直射；❻喜水。为了始终保持湿润，表土干燥时要浇透水；❼4月、6月、9月施用固体肥料，或4~10月里每两周施用一次液体肥料。

	1	2	3	4	5	6	7	8	9	10	11	12
● 移植			▬	▬								
● 剪枝			▬	▬	▬	▬	▬				▬	
● 摘芽					▬	▬	▬					

白果

枝干粗壮，叶片宽大，虽然少了一些纤细柔美的气质，但其独特的姿态却别有风韵。形状独特又泛着青绿色的叶片搭配白色树干，真是魅力十足，到了秋天变成黄色更是美不胜收。若是用种子种植，要注意进行剪枝，长出比较粗壮的枝干时要剪掉。

❶银杏科银杏属；❷中国；❸落叶乔木；❹5~11月；❺向阳处，冬季需避开寒风，存放于盆土不会被冻结的地方；❻表土干燥时浇透水；❼4月、6月、9月施用固体肥料，或4~10月里每两周施用一次液体肥料。

	1	2	3	4	5	6	7	8	9	10	11	12
● 移植		▬	▬									
● 剪枝		▬	▬			▬	▬	▬				
● 播种			▬	▬						▬	▬	

榉树

因其造型像一把倒立扫帚而获得了"扫把树"的外号。春季的萌芽、夏季的繁盛、秋季惊鸿一瞥的红叶，再加上冬日的英姿，真是一整年都看不够。为了让枝条保持双向分叉的造型，要反复摘芽，还要小心地把超出树形轮廓的枝条剪掉。

❶榆科榉属；❷日本、朝鲜半岛、中国；❸落叶乔木；❹全年；❺向阳处，夏季需避免阳光直射，冬季需避开寒风；❻表土干燥时浇透水；❼5月、9月施用固体肥料，或5~6月、9~10月里每两周施用一次液体肥料。

	1	2	3	4	5	6	7	8	9	10	11	12
● 移植			▬	▬		▬	▬					
● 剪枝			▬	▬		▬	▬					
● 摘芽				▬	▬	▬	▬	▬	▬			

鸡爪槭

杂木盆栽的代表树种。从种子开始培育的树苗，大部分在性质上稍有差异。当枝干生长缓慢时，新芽开始萌发的话，枝干连带根部仅保留1~2节，剩下的全部砍掉。若想在秋季欣赏美丽的红叶，那么夏季时就要注意不要缺水，不要让强风伤及枝叶。

❶槭树科槭属；❷日本；❸落叶小乔木；❹全年；❺向阳处，夏季需避免阳光直射，冬季需避开寒风；❻表土干燥时浇透水，特别是夏季要注意不要缺水；❼4月、9月施用固体肥料，或4~5月、9~10月里每两周施用一次液体肥料。

	1	2	3	4	5	6	7	8	9	10	11	12
● 移植		▬	▬									
● 剪枝									▬	▬		
● 播种			▬	▬						▬	▬	

❶科名、属名；❷原产地；❸分类；❹观赏期；❺放置地点；❻浇水；❼施肥

三角槭

三角槭的变种"台湾三角槭"，因叶片又小又密仿佛水禽的爪子，一般用作盆栽观赏。虽然这种树很强壮，但是缺水的话，在秋天就看不到红叶了。新芽长出之后要及时摘掉，枝干上长出的侧芽一旦出现也要摘掉。到了冬天，要再次处理一下芽。

①槭树科槭属；②日本、中国；③落叶乔木；④全年；⑤向阳处，夏季需避开阳光直射，冬季需避开寒风；⑥喜水，表土干燥时浇透水；⑦5月、9月施用固体肥料，或5~6月、9~10月里每两周施用一次液体肥料。

	1	2	3	4	5	6	7	8	9	10	11	12
● 移植		▬	▬			▬						
● 剪枝		▬	▬		▬	▬				▬	▬	
● 摘芽				▬	▬	▬	▬	▬	▬			

枹栎

叶片宽大、枝干粗壮的枹栎，其枝条和树干的潇洒姿态非常耐看。按理说它是能结出橡子的树，但不一定会结果。秋季叶子变红之后，会一直保留到春季新芽萌出之时。长得太长的新枝，要从分叉的地方开始剪到只剩1~3节。

①壳斗科栎属；②日本；③落叶乔木；④全年；⑤向阳处，冬季需避开寒风；⑥表土干燥时浇透水；⑦4月、6月、9月施用固体肥料，或4~10月里每两周施用一次液体肥料。

	1	2	3	4	5	6	7	8	9	10	11	12
● 移植		▬	▬									
● 剪枝		▬	▬		▬	▬					▬	
● 摘芽					▬	▬						

野漆

拥有美丽的红叶，是经常被用来制作组合盆栽的强壮树种。强健的小树苗在3月下旬左右剪短矮化，抑制树木的高度，让枝条增多。要注意树液会损伤皮肤，操作时要戴手套。根部生长过于茂盛的话就无法健康生长，所以盆栽每2年就要重新移植一次。

①漆树科漆属；②日本、中国；③落叶乔木；④全年；⑤春季到秋季应在向阳处，冬季需避开寒风；⑥表土干燥时浇透水，如果缺水的话会使叶片凋零；⑦5月、9月施用固体肥料，或5~6月、9~10月里每两周施用一次液体肥料。

	1	2	3	4	5	6	7	8	9	10	11	12
● 移植		▬	▬						▬	▬		
● 剪枝			▬							▬	▬	
● 播种			▬	▬								

鹅耳枥

叶脉清晰的小小淡绿色叶子，和其他的杂木树种相比别有一番风情。大穗鹅耳枥（又名"见风干"）、日本鹅耳枥、昌化鹅耳枥、厚叶鹅耳枥统称鹅耳枥。从春天开始到9月，一旦长出新芽就要摘掉，如果看到从枝节根部长出来的侧芽也要去掉。

①桦木科鹅耳枥属；②日本、朝鲜半岛、中国；③落叶乔木；④全年；⑤向阳处，冬季需避开寒风；⑥表土干燥时浇透水，夏季如果缺水的话会伤及叶片；⑦4月、6月、9月施用固体肥料，或4~10月里每两周施用一次液体肥料。

	1	2	3	4	5	6	7	8	9	10	11	12
● 移植		▬	▬									
● 剪枝			▬		▬	▬	▬			▬		
● 摘芽				▬	▬	▬	▬	▬	▬			

山毛榉

深山树种的代表树种，苍白的树皮和苗条的树干非常惹人喜爱。一株独立很美，多株共生、组合栽种也不错。为了保持顶部树冠的造型，要对顶部勤加剪枝和摘芽。新芽完全长出后摘掉。

❶山毛榉科山毛榉属；❷日本；❸落叶乔木；❹全年；❺从秋季到春季都置于向阳处，盛夏时节放置于半阴处；❻喜水，表土干燥时浇透水；❼4月、6月、9月施用固体肥料，或4~10月里每两周施用一次液体肥料。

	1	2	3	4	5	6	7	8	9	10	11	12
● 移植			▬	▬								
● 剪枝			▬	▬		▬	▬	▬	▬		▬	
● 摘芽				▬	▬							

绿叶胡枝子

胡枝子类的一种，茎部木质化，是一种健壮而又容易栽培的树种。淡茶色树皮包裹着的树干颇有复古的美感。新芽长出来的时候要剪掉前一年的枯枝，长势过密的部分要进行疏叶。由于很容易长出新芽和不定芽，所以要时常修剪。

❶豆科胡枝子属；❷日本；❸直立灌木；❹4~11月（开花期：5~9月）；❺向阳处，冬季需避开寒风；❻表土干燥时浇透水；❼5月、9月施用固体肥料，或4~10月里每两周施用一次液体肥料。

	1	2	3	4	5	6	7	8	9	10	11	12
● 移植			▬						▬			
● 剪枝			▬									
● 扦插				▬					▬			

弗吉尼亚鼠刺

喜欢姿态干练潇洒的植物的话就选择它吧。初夏的花、仲夏的绿荫、秋季的红叶，再加上冬季赤红的枝条，一年到头不断变化的姿态着实惹人喜爱。由于它很强壮，无论在哪里折断都会长出新芽，又因为很容易冒出嫩芽和徒长枝，所以不需要的部分要尽早剪除。

❶虎耳草科鼠刺属；❷北美；❸半常绿灌木；❹全年（花期：5~6月）；❺春季和秋季置于向阳处，盛夏时节放置于半阴处，冬季需避开寒风；❻喜水，表土干燥时浇透水；❼4月、6月、9月施用固体肥料，或4~10月里每两周施用一次液体肥料。

	1	2	3	4	5	6	7	8	9	10	11	12
● 移植			▬	▬					▬	▬		
● 剪枝												
● 扦插				▬	▬	▬	▬					

梅

仿佛新春献礼一般早开的梅花，其品类已超过100种。正月一过就应尽早摘去花朵，将其移至室外向阳处，使其慢慢习惯户外环境。当强壮的幼芽长出叶子时，从根部剪至仅剩几颗芽即可，从切口处再次萌发的芽长出5~10cm之后从前端摘除。

❶蔷薇科杏属；❷中国；❸落叶小乔木；❹12月至翌年3月；❺向阳处；❻表土干燥时浇透水；❼3月、5月、9月施用固体肥料，或3~6月、9~10月里每两周施用一次液体肥料。

	1	2	3	4	5	6	7	8	9	10	11	12
● 移植		▬	▬						▬			
● 剪枝			▬	▬	▬	▬						
● 扦插			▬			▬						

❶科名、属名；❷原产地；❸分类；❹观赏期；❺放置地点；❻浇水；❼施肥

微型月季

微型月季品种极多，其中名为"八女津姬"的品种很有和谐气息，适合用来制作苔藓球和迷你盆栽。花开后将花枝剪短至五枚叶片上方，这样花蕾就会徐徐生长出来，可以长期赏玩。为了能够顺利开花，要剪掉旧枝，让新枝从根部长出来。

❶蔷薇科蔷薇属；❷杂交品种；❸落叶灌木；❹全年；❺春、秋季置于向阳处，盛夏时节放置于半阴处，冬季需避开寒风；❻表土干燥时浇透水；❼4月、6月、9月施用固体肥料，或4~10月里每两周施用一次液体肥料。

	1	2	3	4	5	6	7	8	9	10	11	12
● 移植		■							■	■		
● 剪枝			■		■				■	■		■
● 扦插					■	■						

山茶

一朵花在枝头盛放的风雅姿态十分诱人。早开的10月左右就开了，晚开的则到翌年4月。制作苔藓球或迷你盆栽的话，推荐使用"侘助"等花形较小的品种。剪枝要在花谢后立刻进行，摘芽则要在6月上旬之前完成。

❶山茶科山茶属；❷日本、朝鲜半岛、中国；❸常绿小乔木；❹10月至翌年4月；❺向阳处，盛夏时节置于半阴处，冬季需避开寒风；❻表土干燥时浇透水；❼4月、6月、9月施用固体肥料，或4~6月、9~10月里每两周施用一次液体肥料。

	1	2	3	4	5	6	7	8	9	10	11	12
● 移植			■	■								
● 剪枝				■								
● 扦插					■							

泽八绣球（山紫阳花）

花、叶和姿态都小巧玲珑，这是一类气质温柔的绣球花。品种超过100个，除白色花朵以外，也有根据土壤酸度不同花色从蓝色到桃色之间过渡变化的品种。作为装饰花，一旦花头向下垂就要果断剪掉，翌年花芽会在新长出的枝头上冒出来。

❶虎耳草科绣球属；❷日本；❸落叶灌木；❹5~7月；❺明亮避光处，冬季应加以保护；❻喜水，为了不让其缺水，表土一干就要大量浇水；❼3月、6月施用固体肥料，或3~6月里每两周施用一次液体肥料。

	1	2	3	4	5	6	7	8	9	10	11	12
● 移植			■						■	■		
● 剪枝						■	■					
● 扦插						■	■					

皱皮木瓜

在日本被称为"放春花"的皱皮木瓜（中国国内又称"贴梗海棠"）是早春时节的代表性花卉。颜色多种多样，花形也甚是娇艳。作为日本木瓜（中国国内又称"倭海棠"）的变种，小型的"长寿梅"经常用来制作盆栽。反复修剪新枝的话会导致不出芽，所以在6月上旬稍微剪一下枝头，抑制其生长即可。

❶蔷薇科木瓜属；❷中国；❸落叶灌木；❹2~4月；❺春季和秋季置于向阳处，盛夏时节放置于半阴处，冬季需避开寒风；❻喜水，容器的表面干燥时浇透水；❼4月、6月、9月施用固体肥料，或4~6月、9~10月里每两周施用一次液体肥料。

	1	2	3	4	5	6	7	8	9	10	11	12
● 移植		■	■					■	■			
● 剪枝						■						
● 扦插												

珍珠绣线菊

　　在冬日暖阳中星星点点绽放的姿态带来春天的气息，让人感觉仿佛花朵全部盛开之后春天就来了。晚秋时节还可以欣赏红叶。属于一茎多枝的植物，纤细伸展的茎时常会轻轻摇摆。花谢后要加强剪枝，之后长出来的徒长枝也要剪掉一半。

❶蔷薇科绣线菊属；❷日本、中国；❸落叶灌木；❹全年（花期：2~4月）；❺春、秋季置于向阳处，夏季放置于半阴处，冬季需避开寒风；❻表土干燥时浇透水；❼4月、9月施用固体肥料，或4~5月、9~10月里每两周施用一次液体肥料。

	1	2	3	4	5	6	7	8	9	10	11	12
● 移植			▬	▬					▬	▬		
● 剪枝			▬	▬		▬	▬				▬	▬
● 扦插						▬	▬					

落霜红

　　枝头挂满了红红的果实，这样为秋日增加一抹亮色的植物谁不想要呢？其实果实不仅有红色的，也有白色的。由于雌雄异株，结果的话就必须要有雄株才行。开花、结果期间缺水的话就无法结果。结果后剪去新长出的枝条，看到根部长出不要的芽也应该立即摘掉。

❶冬青科冬青属；❷日本；❸落叶灌木；❹9月至翌年1月；❺春、秋季置于向阳处，夏季放置于半阴处，冬季需避开寒风；❻喜水，表土干燥时浇透水；❼4月、6月、9月施用固体肥料，或4~6月、9~10月里每两周施用一次液体肥料。

	1	2	3	4	5	6	7	8	9	10	11	12
● 移植			▬	▬								
● 剪枝			▬			▬	▬				▬	▬
● 播种			▬								▬	▬

白棠子树

　　美丽又娇小的紫红色果实沉甸甸地挂在枝条上。因为枝条一边生长一边出芽，所以新枝在7月前剪掉即可，如果之后再剪，就可能开不了花了。如果看到从根部长出了不要的芽，就立刻剪掉。

❶马鞭草科紫珠属；❷日本、朝鲜半岛、中国；❸落叶灌木；❹6~7月、10~11月；❺春、秋置于向阳处，盛夏时节放置于半阴处，冬季需避开寒风；❻喜水，表土干燥时浇透水；❼4月、6月、8月、10月施用固体肥料，或4~10月里每两周施用一次液体肥料。

	1	2	3	4	5	6	7	8	9	10	11	12
● 移植			▬									
● 剪枝						▬						
● 扦插						▬	▬					

矮小天仙果

　　虽然日语里名叫"犬枇杷"，但其实是无花果的同类。大大的叶片和拥有美丽线条的枝干结合起来非常有趣，从初夏到秋季枝头会挂上如小无花果一般的果实。虽然稍稍有些畏寒，但是强壮、耐修剪、根系旺盛，制作盆栽的话每年都要换盆移植。

❶桑科榕属；❷日本、朝鲜半岛、中国；❸落叶灌木、小乔木；❹4~11月；❺春、秋置于向阳处，盛夏时节放置于半阴处，冬季需避开寒风；❻喜水，表土干燥时浇透水；❼5月、7月、9月施用固体肥料，或5~10月里每两周施用一次液体肥料。

	1	2	3	4	5	6	7	8	9	10	11	12
● 移植				▬	▬	▬			▬	▬		
● 剪枝					▬	▬	▬					
● 扦插					▬	▬	▬	▬	▬			

❶科名、属名；❷原产地；❸分类；❹观赏期；❺放置地点；❻浇水；❼施肥

西南卫矛

晚秋时西南卫矛的果皮绽开，赤红色的果实就会从里面跳出来。果皮的颜色有红、桃红、白色，配上红叶更是好看。雌雄异株，所以雄株是结果所必要的。由于不容易长粗，枝条也很稀疏，所以整个树形看起来十分潇洒。新枝要在果实长大后的6月中旬剪掉。

❶卫矛科卫矛属；❷日本、朝鲜半岛；❸落叶灌木；❹10~12月；❺春、秋季置于向阳处，盛夏时节置于半阴处，冬季需存放于不会受冻的地方；❻表土干燥时浇透水；❼4月、6月、9月施用固体肥料，或4~10月里每两周施用一次液体肥料。

	1	2	3	4	5	6	7	8	9	10	11	12
● 移植			▬									
● 剪枝			▬			▬						
● 播种			▬							▬		

老鸦柿

作为观赏用的柿子，指尖大小的果实的形与色（黄色～红色）都有多种多样的魅力。由于雌雄异株，实际结果的时候还要靠雄株。太健壮的新芽要剪短，但是为了翌年7月左右能长出花芽，之后的剪枝要根据花芽的情况进行。

❶柿树科柿属；❷中国；❸落叶灌木；❹10月至翌年1月；❺置于向阳处，冬季需存放于盆土不会冻结的地方；❻干燥时浇透水；❼4月、6月、8月、10月施用固体肥料，或4~10月里每两周施用一次液体肥料。

	1	2	3	4	5	6	7	8	9	10	11	12
● 移植						▬		▬				
● 剪枝		▬				▬						
● 根插						▬		▬				

紫金牛

红彤彤的果实作为庆祝新年的植物之一，从江户时代开始就为人熟知。不畏寒暑、四季常青的叶片无论形与色都具有多重变化，适合在无阳光直射的阴湿处生长。新芽长出之前要剪短茎部，就可以增加出芽数。

❶报春花科紫金牛属；❷日本、朝鲜半岛、中国；❸常绿灌木；❹全年；❺春季至秋季置于阴湿处至半阴处，冬季放在寒风吹不到的向阳处；❻干燥时浇透水；❼4月、6月、8月、10月施用固体肥料，或4~11月里每周施用一次液体肥料。

	1	2	3	4	5	6	7	8	9	10	11	12
● 移植			▬▬					▬▬				
● 剪枝			▬									
● 播种			▬									

火棘

初夏时盛开的成串纯洁的白色小花，与秋季光亮的小叶片和朱红色的果实形成了鲜明对比。由于十分强健，没有特别棘手的病虫害，每年都能结出许多果实。3月要打理一下上一年的旧枝，新长出的徒长枝则要在6月上旬之前剪掉。

❶蔷薇科火棘属（窄叶火棘）；❷中国；❸常绿灌木；❹5~6月、10~12月；❺向阳处；❻干燥时浇透水；❼5月、7月、9月施用固体肥料，或5~10月里每两周施用一次液体肥料。

	1	2	3	4	5	6	7	8	9	10	11	12
● 移植			▬									
● 剪枝			▬			▬				▬		
● 扦插			▬			▬						

草本类

盆栽领域里把草花类植物称为"草本类"。

其生命周期在1~2年内循环往复的植物就是一年生草本植物、二年生草本植物，能连续存活多年的就是多年生草本植物。

多年生草本植物里，也有夏季或冬季露出地表部分干枯进入休眠状态的品种。

※ 月历展示的是适合栽培管理的主要周期。并不是一定要完完全全照着这个月历来操作，可根据生长状态和个人爱好调整。

多年生草本

源平小菊

初开时是白色，渐渐地就会挂上桃红色。由于根部长出的枝条十分茂盛，混栽时要注意根据长势进行疏苗。根系过于发达的话植物的长势会迅速衰退，因此如果是盆栽，每年春季或秋季都要用根插的方式来进行移植。

❶菊科飞蓬属；❷北美洲；❸多年生草本植物；❹全年（花期：4~11月）；❺向阳至半阴处；❻干燥时浇透水；❼4月、6月、9月施用固体肥料，或4~10月里每两周施用一次液体肥料。

	1	2	3	4	5	6	7	8	9	10	11	12
● 移植			▬	▬					▬	▬		
● 短截		▬			▬		▬					
● 扦插							▬	▬	▬			

多年生草本

秀丽玉簪

是最小型的玉簪，也是最适合制作苔藓球和迷你盆栽的玉簪。除了绿叶品种外，还有斑叶和黄叶品种，6月开出淡紫色的花，给阴郁的梅雨时节带来清爽的心情。适合生长在高温高湿的环境里。为了不让根系过于发达，每两年要进行一次移植。

❶百合科玉簪属；❷朝鲜半岛；❸多年生草本植物；❹4~11月（花期：6月）；❺半阴处；❻表土干燥时浇透水；❼4月、6月、9月施用固体肥料，或4~9月里每两周施用一次液体肥料。

	1	2	3	4	5	6	7	8	9	10	11	12
● 移植		▬	▬	▬								
● 分株		▬	▬	▬					▬			
● 摘去残花						▬	▬					

多年生草本

朝雾草

闪耀着银白色光辉的纤细叶片给人一种凉爽的感觉，由此就能理解它为什么叫"朝雾草"了。春天开始成长起来的繁茂茎叶，到了秋季长得太长会影响造型，所以6月中旬要从根部开始全部剪掉。剪掉的茎部可以用来进行扦插，增加幼苗数量。

❶菊科蒿属；❷日本；❸多年生草本植物；❹4~11月；❺向阳处；❻干燥时浇透水；❼4月、9月施用固体肥料，或4~5月、9月里每两周施用一次液体肥料。

	1	2	3	4	5	6	7	8	9	10	11	12
● 移植			▬						▬			
● 短截						▬						
● 扦插（芽）						▬						

❶科名、属名；❷原产地；❸分类；❹观赏期；❺放置地点；❻浇水；❼施肥

鹭兰（狭叶白蝶兰）

姿态宛如白鹭飞舞一般，是生长于凉爽湿地的兰花。鹭兰适合群植，和茅草或灯心草一起混栽打造出的原生态也非常不错。球根1年就会膨胀到3倍以上大小。做水苔专用的话，要选择保湿性更佳的土，且每年都要进行移植。

❶兰科白蝶兰属；❷日本；❸多年生草本植物（球根）；❹7~8月；❺向阳处；❻表土干燥时浇透水；❼3月使用缓释化肥作为基肥，或5~9月里每两周施用一次液体肥料。

	1	2	3	4	5	6	7	8	9	10	11	12
● 移植			■									
● 挖出球根、分球											■	■
● 剪去残花							■	■	■			

桔梗

日本"秋之七草"中的"朝颜"指的就是桔梗。虽然被称为秋草，但却是初夏开始就能看到花，白色和粉色都有。比较矮的"矮桔梗"适合用来制作苔藓球和迷你盆栽。由于花期较短，推荐与其他的植物一起混栽。

❶桔梗科桔梗属；❷日本、朝鲜半岛、中国东北；❸多年生草本植物；❹6~9月；❺向阳处；❻干燥时浇透水；❼4月、6月、9月施用固体肥料，或4~6月、9月里每两周施用一次液体肥料。

	1	2	3	4	5	6	7	8	9	10	11	12
● 移植		■	■									
● 短截					■							
● 播种		■	■						■	■		

玉龙麦冬

"玉龙"是麦冬里叶片较小的品种。夏季花茎从叶片间隙钻出来，开出几朵淡紫色的花，到了秋季就变成了成熟的琉璃色。叶子有白色的，也有加入黄色条纹的品种。由于这种植物很健壮，所以根系过于发达的话就会影响植物生长，盆栽的话每隔几年要移植一次。

❶百合科沿阶草属；❷日本、中国；❸多年生草本植物；❹全年；❺向阳处至半阴处；❻干燥时浇透水；❼4月、9月施用固体肥料，或4~5月、9~10月里每两周施用一次液体肥料。

	1	2	3	4	5	6	7	8	9	10	11	12
● 移植			■	■	■				■	■		
● 分株			■	■	■				■	■		
● 整理残叶			■	■	■				■	■		

小叶韩信草

这种生命力顽强的小草很快就能够长满一盆，草丛里冒出几株向上生长的花穗，开花时仿佛海浪卷起的姿态非常有趣。四季常青，在花期之外的其他季节里也能继续赏玩。由于植物强健、十分繁茂，盆栽的情况下每两年要进行一次移植。

❶唇形科黄芩属；❷日本、中国、朝鲜半岛；❸多年生草本植物；❹全年（花期：2~5月）；❺向阳处至半阴处；❻干燥时浇透水；❼3月、9月施用固体肥料，或3~5月、9~10月里每两周施用一次液体肥料。

	1	2	3	4	5	6	7	8	9	10	11	12
● 移植			■	■	■				■	■		
● 分株			■	■	■				■	■		
● 短截					■							

多年生草本

绶草

这种野生兰花拥有可爱的螺旋向上生长开放的花穗。植物根据扭曲形态的不同各有差异。种子会弹出去，四处飘散，到处生长。和其他草类养在一起会比较好，单植容易发育不良，所以每年在出芽之前都要移植。

❶兰科绶草属；❷欧洲、澳大利亚；❸多年生草本植物；❹6~9月；❺向阳处，冬季需放置于不会被冻结的地方；❻干燥时浇透水；❼4月、9月施用固体肥料，或4~5月、9~10月里每两周施用一次液体肥料。

	1	2	3	4	5	6	7	8	9	10	11	12
● 移植		▬	▬						▬	▬		
● 分株		▬	▬						▬	▬		
● 摘去残花						▬	▬	▬				

多年生草本

铃兰

花朵和香气俱佳，健壮的欧洲原产德国铃兰是最主要的栽培品种。日本原产品种开的花隐藏在叶片下面，故有"君影草"之名。晚秋或早春要将地下茎粗大的花芽移植出来。为了每年都能赏花，需要大量施肥。

❶百合科铃兰属；❷欧洲、亚洲、北美洲；❸多年生草本植物；❹4~6月；❺向阳处，夏季放置于半阴处，冬季需放置于不会被冻结的地方；❻干燥时浇透水；❼4月、6月、9月施用固体肥料，或4~6月、9~11月里每两周施用一次液体肥料。

	1	2	3	4	5	6	7	8	9	10	11	12
● 移植			▬	▬							▬	▬
● 上盆			▬	▬							▬	▬
● 摘去残花					▬	▬						

多年生草本

羽衣甘蓝

看起来像花朵一般很美的叶片都是在日本经改良后才有的。作为夏季播种的草本植物，要耐心完成花谢后修剪、移植等工作才能保证长期观赏。播种的时间和密度、盆的大小等因素，都会对植物产生很大影响。如果过于缺水缺肥，下面的叶子会枯萎。

❶十字花科芸薹属；❷欧洲地中海沿岸；❸多年生草本植物；❹全年；❺向阳处，冬季需避开寒风；❻干燥时浇透水；❼3月、5月、9月施用固体肥料，或3~5月、9~10月里每两周施用一次液体肥料。

	1	2	3	4	5	6	7	8	9	10	11	12
● 移植				▬	▬				▬	▬		
● 短截									▬	▬		
● 播种									▬			

多年生草本

抚子（瞿麦）

日本女性的代名词"大和抚子"的由来就是抚子那秀丽的姿态。从大到小各种类型都有，这里推荐高山瞿麦等比较小型的品种。开花后要进行花后修剪，将其剪短，同时为了防止枝条长得过长，切下来的花茎可用来进行扦插。每年春季或秋季可以进行移植。

❶石竹科石竹属；❷日本；❸多年生草本植物；❹5~7月、9~10月；❺向阳处；❻干燥时浇透水；❼4月、9月施用固体肥料，或4~5月、9~10月里每两周施用一次液体肥料。

	1	2	3	4	5	6	7	8	9	10	11	12
● 移植			▬	▬					▬	▬		
● 短截						▬						
● 扦插（芽）					▬	▬						

❶科名、属名；❷原产地；❸分类；❹观赏期；❺放置地点；❻浇水；❼施肥

风知草（箱根草）

顾名思义，其叶子摇摆的姿态让人联想到起风了。叶子除了绿色之外，还有金色、带斑点、叶尖带红色等品种。可以单独种植，和其他植物混栽也一样抢眼。制作苔藓球的话不需要移植也可以长期观赏。枯叶要在草芽长出前从根部剪掉。

❶禾本科箱根草属；❷日本；❸多年生草本植物；❹4~12月；❺向阳处至半阴处；❻干燥时浇透水；❼4月、6月、9月施用固体肥料，或4~6月、9~10月里每两周施用一次液体肥料。

	1	2	3	4	5	6	7	8	9	10	11	12
● 移植			▬	▬					▬			
● 分株			▬	▬								
● 整理枯叶		▬										

姬月见草

初夏时开放的纯黄色小花，是早晨开花夜晚凋零的一日花。会生出许多种子，在盆里四处生长。过冬时莲座状的叶子会透出纯红色，真是为冬季增色的宝贝。虽然很健壮，但是单独种植的话两年后就会衰败，每年春季进行一次移植才能使其重新焕发活力。

❶柳叶菜科月见草属；❷北美洲；❸二年生草本植物（冬季叶片呈莲座状叶丛）；❹全年（花期：5~7月）；❺向阳处至半阴处；❻干燥时浇透水；❼4月、9月施用固体肥料，或4~6月、9~10月里每两周施用一次液体肥料。

	1	2	3	4	5	6	7	8	9	10	11	12
● 移植				▬	▬				▬	▬		
● 短截						▬	▬	▬				
● 播种						▬	▬	▬				

红叶白茅（血草）

夏季的清晨，露珠悬在红红的叶梢上，日光中它那闪亮动人的姿态可以使人忘却睡眠不佳的疲惫。如果想让叶片上的红色更加鲜亮，就一定要养在向阳处。植物强壮，从湿润到干燥的环境都能适应，不要只单种这一种，它那纤细的枝叶搭配任何一种植物都能成为绝佳组合。

❶禾本科白茅属；❷日本；❸多年生草本植物；❹4~11月；❺向阳处至半阴处；❻干燥时浇透水；❼4月、6月、9月施用固体肥料，或4~9月里每两周施用一次液体肥料。

	1	2	3	4	5	6	7	8	9	10	11	12
● 移植			▬	▬					▬			
● 分株			▬	▬								
● 短截												

斑纹木贼

斑纹木贼那清爽的模样实在是夏日不可或缺的一道风景。作为常绿植物一年四季皆可观赏。根系密集，非常适合制作苔藓球。与红叶白茅等搭配起来更是变化万千、别有风情。斑纹木贼十分健壮，因此除非极端缺水，否则是不会枯萎的。

❶木贼科木贼属；❷北半球温带；❸多年生草本植物；❹全年；❺向阳处至半阴处，注意避开干热风；❻喜水，严禁极度缺水，表土干燥时浇透水；❼4月、6月、9月施用固体肥料，或4~9月里每两周施用一次液体肥料。

	1	2	3	4	5	6	7	8	9	10	11	12
● 移植			▬	▬	▬	▬			▬	▬		
● 分株			▬	▬	▬	▬			▬	▬		
● 整理残叶												

伏石蕨

蕨类植物的同类，从岩石或树木的枝干中伸展出细细的根茎并长出茂盛的圆形厚叶。由于它的生存性质就是依附于岩石和漂流木材，只要能避开极端干燥及寒风和低温，就能长得很好。根茎长得过长会使叶片枯萎，所以要经常改变伸展的方向。

❶水龙骨科伏石蕨属；❷日本、中国；❸多年生草本植物；❹全年；❺向阳处至半阴处；❻干燥时浇透水；❼5~10月里每两周施用一次液体肥料。

	1	2	3	4	5	6	7	8	9	10	11	12
● 移植			▬	▬	▬							
● 根插茎插				▬	▬	▬	▬	▬				
● 整理枯叶		▬	▬									

皱果蛇莓

黄色的花朵、又圆又红的果实非常讨人喜爱。冬季叶片呈莲座状叶丛，春季之后会长出许多匍匐茎，轻轻地在风中摇动着。但是，匍匐茎会长到周围其他的花盆里去，在里面扎根并且长势凶猛，所以不要的话就应尽早除去。

❶蔷薇科蛇莓属；❷日本；❸多年生草本植物（冬季叶呈莲座状）；❹4~11月（开花、结果期：3~6月）；❺向阳处至半阴处；❻干燥时浇透水；❼3月、5月、9月施用固体肥料，或3~6月、9~10月里每两周施用一次液体肥料。

	1	2	3	4	5	6	7	8	9	10	11	12
● 移植			▬	▬					▬	▬		
● 分株			▬	▬					▬	▬		
● 繁殖匍匐茎					▬	▬	▬	▬	▬	▬		

螺旋灯心草

这是一种叶子呈螺旋状伸展的灯心草。这种自由奔放的叶子非常有趣。每一株因扭转的程度不同而各有区别，这里推荐选择螺旋圈较细的。由于植物根茎会不断地向前生长，所以移植时直接丢弃老化的根茎，用前端的新茎直接扦插种植即可。

❶灯心草科灯心草属；❷日本；❸多年生草本植物；❹全年；❺向阳处；❻喜水，表土干燥时浇透水，盆托内保留积水也很好；❼5月、7月、9月施用固体肥料，或5~10月里每两周施用一次液体肥料。

	1	2	3	4	5	6	7	8	9	10	11	12
● 移植				▬	▬	▬	▬					
● 分株				▬	▬	▬						
● 整理残叶			▬	▬	▬	▬						

油点草

样貌独特的花，雅致之中又带着几分华贵。适合在高温高湿的环境下生存，混栽的话也能长得很不错。为了感受油点草那柔美的氛围，往往使用较小的盆来种植，所以6月前必须要通过剪枝将其剪短。每两年要移植一次。

❶百合科油点草属；❷东亚；❸多年生草本植物；❹8~10月；❺半阴处至避光处；❻表土干燥时浇透水，夏季如果缺水将会伤及叶片；❼4月、6月、9月施用固体肥料，或4~6月、9月里每两周施用一次液体肥料。

	1	2	3	4	5	6	7	8	9	10	11	12
● 移植			▬	▬								
● 短截					▬	▬	▬					
● 扦插（芽）												

❶科名、属名；❷原产地；❸分类；❹观赏期；❺放置地点；❻浇水；❼施肥

银鳞茅

银鳞茅和大凌风草相比体型较小，更显纤弱。在种上了其他草类的花盆或苔藓球里播种，和其他植物一同混栽效果更好。由于出芽量很大，为了不让其长势过猛，要注意疏苗。秋季播种会长成大型的，春季播种会长成小型的。

❶禾本科凌风草属；❷欧洲；❸一年生草本植物；❹4~5月；❺向阳处；❻干燥时浇透水；❼播种时使用缓释化肥做基肥。

	1	2	3	4	5	6	7	8	9	10	11	12
● 移植			▬							▬	▬	
● 播种			▬			▬	▬			▬	▬	

青葙（野鸡冠花）

一盆里种许多株的话，就会发现它们竟如此可爱。虽说只要温度适宜什么时候播种都可以，但在高温时期开花的话由于闷热很容易生病，所以还是夏季播种、秋季赏花更好些。根据花盆大小和播种密度的不同，草的高度也会产生变化。

❶苋科青葙属；❷东南亚、印度；❸一年生草本植物；❹5~11月；❺向阳处至半阴处；❻表土干燥时浇透水；❼播种时使用缓释化肥做基肥，或花期里每周施用一次液体肥料。

	1	2	3	4	5	6	7	8	9	10	11	12
● 移植				▬	▬	▬						
● 播种				▬	▬	▬	▬	▬				

春蓼

春蓼在日本有"红豆饭"的爱称，可见就是一种身边最常见的杂草。用来染色的蓼蓝也是其同类。比较小的一般会单独种植在花盆里，较大型的品种则和其他植物混栽，并因其多变的形态而备受喜爱。由于撒落的种子会越来越多还会自己发芽，所以可以秋季收集种子，然后在翌年春季至夏季播种。

❶蓼科蓼属；❷日本、中国、东南亚；❸一年生草本植物；❹6~11月；❺向阳处至半阴处；❻喜水，表土干燥时浇透水；❼5月、7月、9月施用固体肥料，或5~10月里每两周施用一次液体肥料。

	1	2	3	4	5	6	7	8	9	10	11	12
● 移植					▬	▬	▬	▬	▬			
● 短截						▬	▬					
● 播种										▬	▬	

丛生龙胆

过冬时将叶片卷成莲座状叶丛，天气转暖之后立刻就伸展开来，开出淡紫色的花。由于气温较低的阴天不会开花，所以要在向阳处培植。种子如尘埃般细小，采集种子后要立刻开始播种，这样就能年年看到它了。

❶龙胆科龙胆属；❷日本、朝鲜半岛、中国；❸二年生草本植物；❹3~5月；❺向阳处；❻表土干燥时浇透水；❼9月、翌年3月施用固体肥料，或9~10月、翌年3月每两周施用一次液体肥料。

	1	2	3	4	5	6	7	8	9	10	11	12
● 移植		▬	▬						▬	▬		
● 播种				▬								

其他植物

可在室内赏玩的观叶植物和果树、香草、洋兰、多肉植物等，除了树木类、草本类之外，适合制作苔藓球和迷你盆栽的植物也有很多。

这里仅介绍其中的一部分。

※ 月历展示的是适合栽培管理的主要周期。并不是一定要完完全全照着这个月历来操作，可根据生长状态和个人爱好调整。

龙血树类

直线形茎部与锐利叶片的组合，非常适合现代和式风格的空间。龙血树种类极多，制作苔藓球请选择叶片较小的品种。平日应放在室内明亮处，6~9月生长期应置于遮光处大量施肥浇水，这样才能保证植物健康苗壮地生长。

❶百合科龙血树属；❷亚洲、美洲、非洲；❸常绿灌木或乔木；❹全年；❺向阳处至半阴处，冬季应在7℃以上；❻干燥时浇透水；❼5月、7月、9月施用固体肥料，或5~10月里每两周施用一次液体肥料。

	1	2	3	4	5	6	7	8	9	10	11	12
● 移植					▬	▬	▬	▬				
● 短截				▬	▬	▬	▬					
● 扦插					▬	▬	▬	▬				

地锦（爬山虎）

因为它的藤蔓会伸得很长，所以适合放在高台等高处，形状如手掌一般的小叶子，加上藤蔓变化生长的姿态非常可爱。在背阴处长势会比较缓慢，要尽可能放在明亮处生长。藤蔓伸得太长的话需适当剪掉一些。每两年移植一次，在5~9月的时候进行。

❶葡萄科地锦属；❷杂交品种；❸常绿攀缘植物；❹全年；❺向阳处至半阴处，冬季应放置于不会被冻结的地方；❻干燥时浇透水；❼5月、7月、9月施用固体肥料；或5~9月里每两周施用一次液体肥料。

	1	2	3	4	5	6	7	8	9	10	11	12
● 移植				▬	▬	▬	▬	▬	▬			
● 短截				▬	▬	▬	▬	▬	▬			
● 扦插（芽）				▬	▬	▬						

天冬（非洲天门冬）

细细的叶片有着惹人喜爱的软绵绵的手感，笔者养了好几种作为观叶植物。制作苔藓球或迷你盆栽的话，比较适合搭配茎部如藤蔓般的文竹。粗壮的根部能够蓄积水分，非常耐旱，温度方面只要不会结冰都可以忍耐。每两年需移植一次。

❶百合科天门冬属；❷亚洲、欧洲、非洲；❸多年生草本植物；❹全年；❺向阳处至半阴处，冬季应在5℃以上；❻干燥时浇透水，极度缺水的话会导致叶片凋零；❼5月、7月、9月施用固体肥料，或5~9月里每两周施用一次液体肥料。

	1	2	3	4	5	6	7	8	9	10	11	12
● 移植				▬	▬	▬	▬	▬				
● 分株				▬	▬	▬	▬	▬				
● 短截				▬	▬	▬	▬	▬				

❶科名、属名；❷原产地；❸分类；❹观赏期；❺放置地点；❻浇水；❼施肥

花叶地锦（花叶爬山虎）

绿叶与鲜艳的红叶交织在一起是其最大的魅力。夏季开出一串串小小的绿色花序后结果，晚秋时会从淡绿色变成深紫色，与红叶之间的色彩对比十分美丽。由于生命力很强，所以要适当对藤蔓进行剪枝，每两年一次，在春季的时候进行移植。不光是扦插，用播种的方式也可以养。

❶葡萄科地锦属；❷中国；❸落叶攀缘植物；❹4~11月；❺向阳处至半阴处；❻表土干燥时浇透水；❼5月、7月、9月施用固体肥料，或5~10月里每两周施用一次液体肥料。

	1	2	3	4	5	6	7	8	9	10	11	12
● 移植			▬	▬	▬	▬						
● 剪枝			▬			▬	▬	▬				
● 扦插					▬	▬	▬					

橄榄

白色的枝干搭配泛灰的革质树叶，与其他树木完全不同。由于耐旱耐修剪，十分强壮，用来制作苔藓球或迷你盆栽的话可以赏玩很长时间。如果做得太小，就不能指望它开花了，也不会结果。每两年移植一次，在4月份左右的时候。

❶橄榄科橄榄属；❷小亚细亚、地中海沿岸、北非；❸常绿乔木；❹全年（花期：1~5月）；❺向阳处，冬季应置于不会被冻结的地方；❻干燥时浇透水；❼4月、6月、9月施用固体肥料，或4~6月、9~10月里每两周施用一次液体肥料。

	1	2	3	4	5	6	7	8	9	10	11	12
● 移植			▬	▬								
● 剪枝			▬	▬								
● 扦插					▬	▬	▬					

银香菊

软绵绵的银白色叶片令它大放异彩，日文里叫它"绵杉菊"正是由此而来。放在手里稍不留神的话枝干就会腐坏，所以每年要换盆移植，保持树木的活力。枝干长得太长时，要适当进行剪枝。

❶菊科银香菊属；❷地中海沿岸；❸常绿灌木；❹全年；❺向阳处，冬季应置于不会被冻结的地方；❻干燥时浇透水；❼4月、9月施用固体肥料，或4~5月、9~10月里每两周施用一次液体肥料。

	1	2	3	4	5	6	7	8	9	10	11	12
● 移植			▬	▬					▬	▬		
● 剪枝			▬	▬				▬	▬			
● 扦插					▬	▬						

迷迭香

迷迭香因其会开花、细小的叶片四季常绿、生命力顽强极耐修剪，是制作苔藓球和迷你盆栽的理想植物。虽然枝干会弯曲生长，但它弯曲的形态自成一派，所以整体造型也很容易，不用过分费心。盆栽每两年移植一次即可。

❶唇形科迷迭香属；❷地中海沿岸；❸常绿灌木；❹全年（花期：1~5月）；❺向阳处，冬季应置于不会被冻结的地方；❻干燥时浇透水；❼4月、9月施用固体肥料，或4~5月、9~10月里每两周施用一次液体肥料。

	1	2	3	4	5	6	7	8	9	10	11	12
● 移植				▬	▬							
● 剪枝				▬				▬				
● 扦插					▬	▬	▬					

迷你蝴蝶兰

和那种因其礼物属性而人气爆棚的大朵蝴蝶兰相比，迷你蝴蝶兰显然更加亲民一些。制作苔藓球的话，推荐使用朵丽蝶兰和朵丽兰之类的耐寒易栽培的品种，花凋谢后留下3~4节花茎，其余剪除，就可以期待二次开花了。一旦植物开始衰败，就从根部开始切掉。

❶兰科蝴蝶兰属；❷东亚至澳大利亚北部；❸洋兰；❹1~4月；❺11月至翌年3月放在光线较好的窗边，4~10月放在室外背阴处；❻芯部干燥时浇透水，保持干湿交替；❼5~10月，每周一次施用规定倍率稀释过的液体肥料。

	1	2	3	4	5	6	7	8	9	10	11	12
● 移植					▬	▬						
● 剪去花茎			▬	▬	▬	▬	▬					
● 搭支架	▬	▬										

迷你嘉德利亚兰

可以放在手心里的小型嘉德利亚兰，以朱色卡特兰为代表。由于在原产地是生活在日照较好的树上，所以推荐制作使用水苔的苔藓球。由于不耐湿，所以要等苔藓球的芯部真正干透之后，再浇水使其吸收。

❶兰科嘉德利亚兰属；❷巴西；❸洋兰；❹10月至翌年5月；❺11月至翌年3月放在光线较好的窗边，4~10月放在室外背阴处；❻芯部干燥时浇透水；❼3~5月每月施用一次固体肥料，每周一次液体肥料，或9~11月里每周施用一次液体肥料。

	1	2	3	4	5	6	7	8	9	10	11	12
● 移植			▬	▬					▬	▬		
● 搭支架	▬	▬	▬	▬						▬	▬	▬

景天家族

拥有400多个品种的景天属植物，大小、形状、性质都大相径庭，日本约有17种都是野生的，具有山林野草的风情。每一种生命力都很顽强，破碎断裂的茎部或者叶片都可以再生。日照不足或浇水过多都会导致生长缓慢。

❶景天科景天属；❷除澳大利亚、波利尼西亚之外的温带到亚热带；❸多年生草本植物；❹全年；❺向阳处，下雨时应移至屋檐下；❻干燥时浇透水，该植物十分耐旱；❼4月、9月施用固体肥料，或4~5月、9~10月里每两周施用一次液体肥料。

	1	2	3	4	5	6	7	8	9	10	11	12
● 移植			▬	▬					▬	▬		
● 短截			▬	▬					▬	▬		
● 扦插（芽）			▬	▬								

石莲花家族

它们规整厚实的叶片层层叠叠，大小、形状、颜色、质感各有不同，一年四季都能观赏其叶色和花朵的变化。春季和秋季是生长期，6~8月是休眠期。虽然它的生命力较强，但是在夏季高温多湿的环境下可能会腐烂，因此应放置在较凉爽的地方，尽量少浇水。

❶景天科石莲花属；❷以墨西哥为起点的南美洲北部；❸多年生草本植物；❹全年；❺向阳处，夏季应置于半阴处，冬季里有一段时间要放在室内；❻春季和秋季是见干见湿，夏季和冬季保持稍微干燥一点的状态；❼4月、9月施用固体肥料，或4~5月、9~10月里每两周施用一次液体肥料。

	1	2	3	4	5	6	7	8	9	10	11	12
● 移植			▬	▬	▬					▬		
● 摘去残花												
● 扦插（芽）			▬	▬	▬							

❶科名、属名；❷原产地；❸分类；❹观赏期；❺放置地点；❻浇水；❼施肥

捕蝇草

通过关闭捕虫叶捕获虫子，再将其消化、吸收。如果用手去触碰捕虫叶，叶片也会闭合。由于多次触碰会导致植物枯萎，所以要尽可能避免碰它。初夏会开出白色的小花，冬季属于休眠期，地上部分会枯萎。休眠期可以使用分球繁殖的方式来增加植物。

❶茅膏菜科捕蝇草属；❷北美洲；❸多年生草本植物；❹4~10月；❺向阳处，冬季放置在温暖的室内；❻从盆托处加水，即"腰水"；❼不需要。

	1	2	3	4	5	6	7	8	9	10	11	12
● 移植		███										
● 分株		███										

瓶子草

初学者也能养好的食虫植物。耐暑热，应置于直射阳光下。喜水，为了不使其缺水应采用底面给水或"腰水"来培养。冬季进行分株操作的话，植物可以渐渐增多。4~5月的花、秋季的红叶都是观赏乐趣所在。

❶瓶子草科瓶子草属；❷北美；❸多年生草本植物；❹全年；❺向阳处；❻从盆托处加水，即"腰水"；❼不需要。

	1	2	3	4	5	6	7	8	9	10	11	12
● 移植	███											
● 分株	███											
● 搭支架	██████████████████████████											

蘋（田字草）

拥有和四叶草相似叶片的水生蕨类植物。夜间会把叶片关上，早晨再打开。冬季时地面上的部分会干枯，保留地下的茎部过冬。养在室内的话，则一年四季都可以观赏到绿叶。制作苔藓球的话芯部推荐使用水苔。可以通过分株来增加植物。

❶蘋科蘋属；❷澳大利亚；❸多年生草本植物；❹4~10月；❺向阳处；❻根部浸入水中；❼不需要。

	1	2	3	4	5	6	7	8	9	10	11	12
● 移植			██████████									
● 分株												

铜钱草

根部在水中、茎和叶伸出水面的挺水植物。制作苔藓球时，需要把苔藓球或者花盆的一部分放进水中培养。耐寒性、耐湿性都很强，繁殖能力也很旺盛，根茎会越长越多。苔藓球的芯部推荐使用水苔（与之同名的特定外来入侵物种巴西止血草，在日本是禁止种植的）。

❶伞形科天胡荽属；❷欧洲；❸多年生草本植物；❹当年；❺向阳处；❻根部埋入水中；❼不需要。

	1	2	3	4	5	6	7	8	9	10	11	12
● 移植				██████								
● 分株												

术语解说

这里介绍本书中涉及的有关苔藓球、迷你盆栽等的专用术语。术语前面的数字为其第一次出现的页码。

4 造型

树干或枝条弯曲的姿态。

4 陶板

苔藓球或盆栽下方垫着的陶制板。

4 洋兰

明治时代之后日本进口的兰花的总称。日本、朝鲜半岛、中国的兰花统称为东洋兰花。

4 水苔

将生长于湿原的泥炭藓干燥后形成的，常用作种植洋兰时的材料。用水使其恢复原状后稍稍拧干即可使用。

5 迷你盆栽

可以轻松赏玩的小型盆栽。

5 混栽

将许多树木和草类混合栽种在一起。

5 装饰沙

覆盖在盆土表面装饰用的沙砾或沙子。

18 X 号花盆

花盆的尺寸。1 号盆的直径是 3cm。

20 主干

混栽等情况下由多株树木或枝干形成的造型中，处于中心地位的树木。

21 烂根

由于过度湿润导致的根部损伤或枯死。

24 腰水

将苔藓球或花盆的下部浸在水中的补水方式。

24 浸盆

将苔藓球或盆栽连盆泡在水里的浇水方式。可以让植物芯部也有效地吸饱水分。

25 液体肥料

将肥料原料用水稀释之后形成的复混肥料。施用之后立刻就会见效。

25 固体肥料

固体形态的肥料，既有复混肥料也有有机肥料。

25 一年生草本植物

从种子发芽之后在一年之内开花、结果直至枯萎的草本植物。

27 扦插

取植物的一部分枝条插入土中使其生根的繁殖方法。

28 （根）盘结

盆中植物根系过多时的产物。此时由于根部会处于缺氧状态，所以必须进行移植。

28 疏苗

按照一定的株距去掉过密的植株。

29 撒播法

将苔藓分成细小粒粒后通过撒播来繁殖的方法。

30 复古

能够让人感受到时光流逝的模样。也称作"古色古香"。

31 釉

在素烧陶器上覆盖着的可烧制成玻璃质薄层的液体。

32 雌雄异株

雌株和雄株分别生长在不同株体的植物。

34 半阴处

不被阳光直射而又光线明亮的背阴处。

34 杂木类

枫树、榉树、山毛榉等落叶树的总称。

34 附生兰

根部攀附在树木或石头上生长的兰花。

35 实生苗

从种子培育出来的树苗或种苗。

37 热带花木

原产于热带、亚热带的可观花的树木。

37 地生兰

根部铺在地面上生长的兰花。

38 分株

将植物的分枝连同根部一起同母株切断再分别栽种的繁殖方法。

38 盆花

为了立刻就能观赏，让盆栽以开花状态直接上市的花木或草花。

45 修剪

将长大了的植物或超出造型的枝、茎剪短，使植物造型紧凑美观。

46 底部上水

从花盆的下方供水的浇水方式。

70 寒树

落叶乔木冬季树叶落尽后的姿态。可以观赏枝干的线条或姿态。

70 根茎

在地下延长横卧的地下茎的一种，看起来很像植物的根。从节上会生出新的根系或芽。

77 盆底石

为了能够顺利排水而铺在花盆底部的颗粒状沙石。

77 微尘

土壤颗粒碎裂之后的粉状物。它会使盆地土壤板结导致排水不畅，是烂根的原因之一，应用筛子筛除。

78 莲蓬头

洒水器前端带有小孔的部分。

78 有机肥料

以动物或植物为原材料制成的肥料。

79 节

叶子长出的部分。

79 忌枝

破坏树形的树枝。应当优先剪除。

79 不定芽

一般不会出芽的位置长出的芽。不需要的话应当摘除。

81 插穗

用于扦插的小段枝条。

83 密植

单位面积土地上缩小植物的间距，增加播种量和植株数量。

83 短截

将长得过长的枝条或茎从芽的上方剪短。

85 素烧

不上釉的烧制陶瓷器皿的方法。

85 松柏类

松树、真柏、日本柳杉等常绿针叶乔木制作的盆栽。

86 花盆底足

花盆底部凸起来的部分。

94 地下茎

在地下水平生长的茎。

104 果木类

可以观赏果实的苔藓球或盆栽。

104 摘芽

摘去新芽的操作。

105 八房性

矮化的植物种类。

105 气根

从树干或茎部长出暴露在空气中的须状根。

105 神枝

利用干枯的枝条做成的装饰。

105 舍利

树干风化之后形成的白色装饰物。

107 矮化

通过大量、高密度的播种来抑制植物生长，使植物长得较小的播种方法。

108 木质化

老化的植物茎部变得木头般坚硬。

108 徒长枝

长势过于旺盛的生长枝。不要的话就应修剪掉。

109 酸度

使用土壤中酸性物质的多少。大部分植物都喜爱 pH6.0~6.5 的土壤。

109 花芽

可以长成花和果实的芽。

111 根插

使用切下来的根段进行扦插以增加植物的方法。

112 二年生草本植物

在第一年里生长但不开花，到了第二年才开花、结果然后干枯的草本植物。

112 多年生草本植物

可以存活多年、生命周期循环往复的草本植物。

113 分球

将挖出的球根分开以备繁殖之用。

113 花穗

如麦穗般开放的花。(译者注：即穗状花序)

115 莲座状叶丛

叶子在短茎上呈放射状生长的模样。

116 匍匐茎

贴近地面匍匐伸展的茎。

植物名称索引

购买苔藓、盆栽苗、山野草

日本全国主要商店

详情请咨询各直销商铺。

赤岩园艺
〒 047-0046
北海道小樽市赤岩 2-24-13
☎ 0134-23-7936
营业范围：盆栽苗 山野草 其他

岩崎园艺
〒 061-1270
北海道北广岛市大曲 599
☎ 011-377-4493
http://iwasaki-engei.co.jp/
营业范围：苔藓 盆栽苗 山野草 其他

城花园
〒 036-8275
青森县弘前市城西 3-1-5
☎ 0172-35-5850
营业范围：苔藓 山野草 其他

Garden Nursery·Green Spot
〒 981-3255
宫城县仙台市泉区福冈字藤泽 13
☎ 022-379-4567
http://www.izumi-green.co.jp/site/spot/
营业范围：山野草

表乡园艺 center　可邮购
〒 961-0403
福岛县白河市表乡番泽吉之 1
☎ 0248-32-2355
http://omotegouengei-center.com/
营业范围：苔藓 山野草 其他

园艺 Center 御前山
〒 311-4341
茨城县东茨城郡城里町御前山 36
☎ 0292-89-2950
营业范围：苔藓 盆栽苗 山野草

中央植物园
〒 370-3517
群马县高崎市引间町 345-3
☎ 027-373-0071
营业范围：苔藓 山野草

清香园　可邮购
〒 331-0805
埼玉县埼玉市北区盆栽町 268
☎ 048-663-3931
http://www.seikouen.cc/
营业范围：苔藓 盆栽苗 山野草 其他

增田造园土木　可邮购
〒 361-0063
埼玉县行田市皿尾 65-7
☎ 048-556-0993
http://a-branche.com/masuda/
营业范围：苔藓 山野草

Alpen Garden 山草　可邮购
〒 346-0115
埼玉县久喜市菖蒲町小林 5855-1
☎ 0480-85-8287
http://8093.org
营业范围：山野草

Chelsea Garden 日本桥三越本店
〒 103-8001
东京都中央区日本桥室町 1-4-1
☎ 03-3241-3311（企业电话）
http://mitsukoshi.mistore.jp/store/nihombashi/index.html
营业范围：苔藓 盆栽苗 山野草

上野 Green Club
〒 110-0007
东京都台东区上野公园 3-42
☎ 03-5685-5656
http://ugreenclub.blog76.fc2.com/
营业范围：苔藓 盆栽苗 山野草

神代植物公园内 Green Hobby
〒 182-0017
东京都调布市深大寺元町 5-31-10
☎ 042-481-0526
营业范围：苔藓 山野草 其他

Midori 屋和草（nicogusa）　可邮购
〒 180-0004
东京都武藏野市吉祥寺本町 4-13-2-102
☎ 0422-21-2593
http://www.nicogusa.com/
营业范围：苔藓 盆栽苗 其他

安藤农园　可邮购
〒 214-0008
神奈川县川崎市多摩区菅北浦 3-3-8
☎ 044-944-2984
营业范围：苔藓 盆栽苗 山野草

SAKATA SEED 线上销售部　可邮购
〒 224-0041
神奈川县横滨市都筑区仲町台 2-7-1
☎ 045-945-8824
http://sakata-netshop.com/
营业范围：山野草 其他

一平园
〒 236-0042
神奈川县横滨市金泽区釜利谷东 2-7-7
☎ 045-784-2011
营业范围：盆栽苗 山野草 其他

中外植物园
〒 259-1122
神奈川县伊势原市小稻叶 2358
☎ 0463-95-1564
营业范围：山野草 其他

OGIS 植物园
轻井泽店　乐天网店
（译注：这家店不邮购，是乐天商店售卖）
〒 389-0111
长野县北佐久郡轻井泽町长仓 5731
☎ 0268-36-4074
http://www.ogis.co.jp/
营业范围：山野草 其他

日达园艺
〒 391-0104
长野县诹访郡原村 6137-5
☎ 0266-79-5809
营业范围：苔藓 山野草

SEISEI NURSERY 可邮购
〒 395-0301
长野县饭田市北方 2632-37
☎ 0265-25-4856
http://seiseinursery.com/
营业范围：山野草 其他

中山植物园
〒 399-0211
长野县诹访郡
富士见町富士见 3292
☎ 0266-62-4435
营业范围：盆栽苗 山野草 其他

松岛园艺 可邮购
〒 399-2221
长野县饭田市龙江 2278
☎ 0265-27-2767
营业范围：山野草 其他

KOKEYA.com 可网购
〒 959-2225
新潟县阿贺野市岛濑 99- 子
☎ 0250-68-1900
http://www.kokeya.com/
营业范围：苔藓 其他

中越植物园 可邮购
〒 954-0112
新潟县见附市
上新田町 502-1
☎ 0258-66-7570
营业范围：盆栽苗 山野草 其他

SASANUMA
园艺 Center 可邮购
〒 956-0816
新潟县新潟市秋叶区
新津东町 3-5-19
☎ 0250-24-0187
营业范围：苔藓 盆栽苗 山野草 其他

小川草陶园
〒 509-0108
岐阜县各务原市
须卫町 2-95-2
☎ 058-370-4920
营业范围：山野草

御殿场农园 可邮购
〒 412-0007
静冈县御殿场市永塚 59-1
☎ 0550-89-1468
营业范围：山野草 其他

富士盆栽园
〒 412-0044
静冈县御殿场市杉名泽 260-1
☎ 0550-89-6891
营业范围：苔藓 盆栽苗 山野草 其他

山河长树园 可邮购
〒 444-0071
爱知县冈崎市
稻熊町山神户 40-18
☎ 0564-24-4550
营业范围：苔藓 盆栽苗 山野草

TSUGEI 农园
〒 519-1402
三重县伊贺市柘植町 924
☎ 0595-45-4684
营业范围：苔藓 山野草 其他

TAKKI 种苗 可网购
网购型
〒 600-8686
京都府京都市下京区
梅小路通猪熊东入
☎ 075-365-0140
http://shop.takii.jp/
营业范围：山野草 其他

春草园 可邮购
〒 610-1131
京都府京都市西京区
大原野上羽町 345-1
☎ 075-333-0734

Aqua・Kakitsu・Biotop
（译注：又名杜若园艺） 可网购
〒 610-0121
京都府城阳市寺田庭井 108-1
☎ 0774-55-7977
http://www.akb.jp/
营业范围：其他

niwa q
〒 547-0014
大阪府大阪市
平野区长吉川边 3-12-35
☎ 06-6705-5468
http://www.niwa-q.com/
营业范围：苔藓 盆栽苗 山野草

山冈 碧山苑 可网购
〒 563-0365
大阪府丰能郡能势町上杉 101-1
☎ 072-734-2278
http://www.hekizanen.com/
营业范围：苔藓 山野草

野草之国（伴园艺）
〒 669-2134
兵库县筱山市今田町休场 6
☎ 079-597-3133
营业范围：苔藓 盆栽苗 山野草 其他

锦幸园 可网购
〒 669-1515
兵库县三田市大原字大濑 393
☎ 079-563-3476
http://www.kinkouen.com/
营业范围：苔藓 盆栽苗 山野草 其他

四国 Garden 可网购
〒 799-3104
爱媛县伊予市上三谷 1606-4
☎ 089-983-3232
http://www.shikoku-garden.com/
营业范围：苔藓 山野草 其他

九州山草园
〒 824-0077
福冈县行桥市
入觉字上部 688-1
☎ 0930-22-9658
营业范围：苔藓 山野草 其他

素材提供店铺（五十音顺）
本书中介绍的器皿所在店铺，以及作者
的店铺信息内容如下。

市谷水族馆（高城邦之）
〒 162-0843
东京都新宿市市谷田町 1-1
☎ 03-3260-1324
http://www.ichigaya-fc.com/

ustuwa-shoken onari NEAR
〒 248-0012
神奈川县镰仓市御成町 5-28
☎ 0467-81-3504
http://www.utsuwa-shoken.com/

树艺（山口麻里）
〒 277-0033
千叶县柏市增尾 2-11-19
☎ 04-7173-0908
http://www.himegaki.jp/

招山 由比浜
〒 248-0014
神奈川县镰仓市由比浜 4-3-14
☎ 0467-55-5999
http://shouzan-yuigahama.jimdo.com/

兵库县立
人与自然博物馆（秋山弘之）
〒 669-1546
兵库县三田市弥生丘 6
☎ 079-559-2001
http://www.hitohaku.jp/

Rabbit Garden（森川正美）
〒 632-0094
奈良县天理市前栽町 56-5
☎ 0743-62-0229
http://craft.oc.to/rabbit/

隆龙 RYU-RYU（细村武义）
〒 151-0053
东京都涩谷区代代木 4-20-10
☎ 03-5304-2775
http://www.ryuryu.cc/

Kokedama To Koke Chiisana Midori No Saibai Tekunikku

Copyright © NHK Publishing Co., Ltd., 2010

All rights reserved.

First original Japanese edition published by NHK Publishing Co., Ltd., Japan.

Chinese (in simplified character only) translation rights arranged with NHK Publishing Co., Ltd., Japan.

through CREEK & RIVER Co., Ltd. and CREEK & RIVER SHANGHAI Co., Ltd.

豫著许可备字-2016-A-0122

图书在版编目（CIP）数据

玩苔藓：六大名师教你手制苔藓球和苔藓小景／日本NHK出版编；谭尔玉译. —郑州：河南科学技术出版社，2017.3（2018.10重印）

ISBN 978-7-5349-8131-9

Ⅰ.①玩… Ⅱ.①日…②谭… Ⅲ.①苔藓植物-盆景-观赏园艺 Ⅳ.①S688.1

中国版本图书馆CIP数据核字（2016）第151230号

出版发行：河南科学技术出版社

地址：郑州市经五路 66 号　邮编：450002

电话：（0371）65737028　65788633

网址：www.hnstp.cn

策划编辑：李迎辉

责任编辑：姚翔宇

责任校对：窦红英

封面设计：张　伟

责任印制：张艳芳

印　　刷：河南瑞之光印刷股份有限公司

经　　销：全国新华书店

幅面尺寸：210mm×257mm　印张：8　字数：235 千字

版　　次：2017 年 3 月第 1 版　2018 年 10 月第 3 次印刷

定　　价：48.00 元

如发现印、装质量问题，影响阅读，请与出版社联系并调换。